看漫画读经典系列

伽利略的对话

Dialogo sopra i due massimi
sistemi del mondo

[韩]郑昌勋 著　[韩]柳熙锡 绘

[韩]元英姬 译

淳于雪涛

科学普及出版社

·北京·

图书在版编目（CIP）数据

伽利略的对话 ／（韩）郑昌勋著；（韩）柳熙锡绘；（韩）元英姬，淳于雪涛译. —北京：科学普及出版社，2014.7（2021.6重印）
（看漫画读经典系列）
ISBN 978-7-110-08040-5

Ⅰ.①伽… Ⅱ.①郑… ②柳… ③元… ④淳… Ⅲ.①天文学史—世界—中世纪—通俗读物 Ⅳ.①P1-091.3

中国版本图书馆CIP数据核字（2013）第001928号

策划编辑	任 洪 杨虚杰 周少敏
责任编辑	何红哲
封面设计	欢唱图文吴风泽
排版设计	青青虫工作室
责任校对	赵丽英
责任印制	李晓霖

出　　版	科学普及出版社
发　　行	中国科学技术出版社有限公司发行部
地　　址	北京市海淀区中关村南大街16号
邮　　编	100081
发行电话	010-62173865
传　　真	010-62173081
网　　址	http://www.cspbooks.com.cn

开　　本	787mm×1092mm 1/16
字　　数	225千字
印　　张	13.5
版　　次	2014年7月第1版
印　　次	2021年6月第9次印刷
印　　刷	北京瑞禾彩色印刷有限公司

书　　号	ISBN 978-7-110-08040-5/P·155
定　　价	32.00元

（凡购买本社图书，如有缺页、倒页、脱页者，本社发行部负责调换）

透过漫画，邂逅大师
让人文经典成为大众读本

　　40多年前，在我家的胡同口，有一个专门向小孩子出租漫画书的小店。地上铺着一张大大的黑色塑料布，上面摆满了孩子们喜欢的各种漫画书，只要花一块钱就可以租上一本。就是在那里，我第一次接触到漫画。那时我一边看漫画，一边学认字。从那个时候起，我就感受和领悟到了漫画的力量。

　　漫画使我与读书结下不解之缘。慢慢地我爱上了读书，中学时我担任班里的图书委员。当时我所在的学校，有一座拥有10万册藏书的图书馆，我几乎每天都要在那里值班，边打理图书馆边读书，逗留到晚上10点。那个时期，我阅读了大量的书籍。

　　比如海明威的《老人与海》，和我同龄的孩子都觉得枯燥无味，而我却至少读了四遍，每次都激动得手心出汗。还有赫尔曼·黑塞的《德米安》，为我青春躁动的叛逆期带来了许多抚慰。我还曾经因为熬夜阅读金来成的《青春剧场》而考砸了第二天的期中考试。

　　那时我的梦想就是有朝一日能经营一家超大型图书馆，可以终日徜徉在书的世界；同时，我还想成为一名作家，写出深受大众喜爱的作品。而现在，我又有了一个更大的梦想，那就是创作一套精彩的漫画书，可以为孩子们带去梦想和慰藉，为孩子们开启心灵之窗，放飞梦想的翅膀，帮助他们更加深刻地理解自己的人生。

这套书从韩国首尔大学推荐给青少年的必读书目中精选而出，然后以漫画的形式解读成书。可以说，这些经典名著凝聚了人类思想的精华，铸就了人类文化的金字塔。但由于原著往往艰深难懂，令人望而生畏，很多人都是只闻其名，却未曾认真阅读。

现在这套漫画书就大为不同啦！它在准确传达原著内容的基础上，让人物与思想都活了起来。读来引人入胜，犹如身临其境，与那些伟大的思想家们展开面对面的对话。这套书的制作可谓是系统工程，它是由几十位教师和专家组成的创作团队执笔，再由几十位漫画家费尽心血，配以通俗有趣又能准确传达原著精髓的绘画制作完成。

因此，我可以很负责任地说，这是一套非常优秀的人文科学类普及读物。这套书不仅适合儿童和青少年阅读，也适合成人阅读，特别是父母与孩子一起阅读。就如同现在有"大众明星""大众歌手"一样，我非常希望这套"看漫画读经典系列"图书，可以成为广受欢迎的"大众读本"。

孙永云

反对权威主义，主张科学真理

通常说，科学是"中立的学问"，即一般科学事实不会受到世俗偏见的影响。和其他学问不同，科学强调自己的理论但不会刻意压制其他观点。然而回顾历史，确曾有过科学压迫人类思想自由的实例，"地心说"就是其中最具代表性的一个。

"地心说"在差不多两千年的时间里一直压迫着与其对立的理论，即"日心说"。本应是研究客观事实的科学，怎么却在如此长的时间里歪曲事实呢？那是因为，如果从官僚权威出发，科学必定无法获得自由。世界上最难的事之一，就是大胆地主张自己的观点，对抗权威主义，并纠正拥护权威主义的错误理论。这就是哥白尼和伽利略所做的事。

伽利略凭借其著作《关于两大世界体系的对话》（简称《对话》），对抗权力集团的理论，主张新的观点。如果仅仅以科学事实为基础对话，伽利略会轻松取得胜利。但是在故步自封的亚里士多德学派和天主教会强权的影响下，想要说服对方不是那么容易的。让天主教会最终承认伽利略的理论，花了整整360年的漫长岁月。

近年来也有一些激烈的社会矛盾是伴随着科学技术进步而生的：干细胞的利

用、投建核电站及核废弃物处理场、填埋滩涂、挖掘大型隧道、化石燃料的利用，以及全球变暖……其原因可以分为两方面：一是科学的力量如此强大，二是社会民主化进程日益发展并趋向成熟。

以前部分掌权人玩弄权势，压制科学。如今科学的力量足已左右人类的未来，科学已不再是部分人的专属物。但这并不是说科学一定会给我们提供正确的道路，如何使用科学的力量，继而获得何种结果，这一责任全在我们人类自己。

那么诸如"地心说"之类的权威主义，在如今的民主化时代就完全失去地位了吗？在笔者看来并非如此。拥有无比强大力量的科学，也同样可以催生出利益集团，他们利用科学作为手段将自身利益最大化。这类利益集团并不在乎科学知识的是与非，而是着力于压制其反对力量。

这时我们应该以什么样的态度化解这些矛盾呢？在《对话》这本书中，伽利略凭借与亚里士多德追随者们的潇洒对话，为我们指出了方向。也许伽利略的这部著作，还能教给我们生活在民主化时代的道德——对话和劝服。

郑昌勋

学习伽利略应对
错误观念的态度

　　"地球确实是在转动啊！"结束审判后留下这句名言的人是谁？答对了！就是意大利天文学家伽利略。

　　伽利略是中世纪的人，当时人们认为"地心说"，即太阳是以地球为中心转动的理论是理所当然的。当时的人们非常自信地认为，地球因为受了神的庇佑，所以处于宇宙的中心。然而与"地心说"理论不相符的情况却层出不穷。为了解释这些不相符的现象而发展出的理论被称为"日心说"。

　　伽利略为了挫败沿袭了两千多年的固有观念——"地心说"，提出了系统而具有说服力的理论，即"日心说"。但是在罗马天主教会统治下的时代，人们认为支持"日心说"理论是亵渎神明的行为。确实有过主张"日心说"的人被判死刑的事例，所以伽利略不敢轻易地暴露其主张"日心说"的立场。

　　为了阐明"地心说"和"日心说"这两大宇宙体系谁更具有真实性，伽利略开始写书了，那就是《关于两大世界体系的对话》这部著作。书中有三位主人公，其中一位代表伽利略的立场，主张"日心说"，他极具客观性和理论性的劝服方法让人由衷地赞叹。结果，正是由于这部著作让伽利略站在了宗教裁判所上，他被迫承认"地心说"而否定"日心说"，当审判结束他走出审判场时说过

的话就是"地球确实是在转动啊"！

　　通过这本书我们可以学习到运用逻辑和证据客观说明问题的科学方法，以及地球公转和自转的科学事实。面对盲目追求错误观念的人，无论怎样我们也要坚持自己的主张，当然还应该知道与那些人沟通应具备怎样的态度。

　　好，那么就让我们跟随伽利略，参与到这场阐明两大世界体系真实性的激烈讨论中来吧！

柳熙锡

|目录|

深入阅读　伽利略的四天对话后续

第1章

《对话》是一本怎样的书

早晨太阳从东边地平线升起，到了晚上，太阳从西边落下。

太阳下山了，数不清的星星在夜空中闪烁。

星星和月亮在夜空中穿行，整个宇宙中好像只有地球保持不动。

你们看上去好忙啊！

很久以前，人们都认为地球是一动不动的，所有的天体围绕着地球旋转。

世界的中心就是我！

古希腊哲学家亚里士多德以及后来的天文学家克罗狄斯·托勒密，

伦理学之父是我！

我也是古希腊人！

亚里士多德

托勒密

把这一想法逐步体系化，然后提出了关于宇宙结构的主张——"地心说"

那就是

地心说！

比亚里士多德晚一些出生的阿里斯塔科斯却持有相反的见解。

我是这么想的，地球一边自转一边围着太阳旋转！

但是……

这就是日心说！

叮咚

胡言乱语！

亵渎神灵！

碎

啪

哎哟！

碎

"日心说"因亵渎神灵而遭到抨击。

那……那个怎么可能亵渎神灵？

因为当时的人们觉得是神创造了人和世界。

所以？

所以人类立足的地球必然是世界的中心。

不然为什么说人类受到神的恩宠呢！

怎……怎么会这样呢？

日心说倚仗阿基米德和普鲁塔克一息苟存。

阿基米德

我阿基米德就是计算圆周率（π）的人！

我普鲁塔克是古希腊的哲学家兼作家！

普鲁塔克

我们毕达哥拉斯学派也支持日心说。

之后，15世纪波兰天文学家哥白尼正式公开倡导日心说理论。

哥白尼

革命

欧洲

有没有听说过"哥白尼革命"？

那时如果有人主张日心说，就会在宗教裁判所丢了小命。

你因主张日心说被判处死刑！

咯咯咯

裁判

真太不像话了！

在当时，日心说被认为是极端的旁门左道。

救……救命啊！只因为那个理由就让我死……

在那个杀气腾腾的时代主张日心说，

叫"革命"也不会觉得过分。

当然，哥白尼还没等到很好地主张自己的思想就在病床上孤单地死去了。

哎呀，真是太郁闷了！

《关于两大世界体系的对话》（简称《对话》）这本书的作者伽利略是一位晚于哥白尼100多年出生的意大利天文学家。

嗨！

伽利略

伽利略仔细地研究了地心说和日心说，

哪个是对的？

地心说　日心说

然后在自己观测结果的证实下，确信日心说是正确的理论。

哥白尼的日心说确实是对的！

当然，那时候亚里士多德的理论仍然支配着欧洲大部分人的思想。

你敢无视亚里士多德的学说？

太不像话了！

支吾

地心说还受到罗马教廷的大力支持。

地球当然是中心啊。

所以没办法，伽利略只能特别小心地主张日心说。

哥白尼的日心说是对的呢……

14 伽利略的对话

在那种情况下，伽利略为了阐明自己的观点写出了这本书。

这本书书名所说的两大世界体系，就是指地心说和日心说。

出人意料，很简单吧？

可以说，这本书论述了地心说和日心说哪个是对的，哪个是错的。

选哪个？

地球绕太阳旋转是铁的事实，那点事儿谁还不知道呀！

所以就认为没必要读这本书吗？

这种想法是不对的，想一下为什么要读这本书？

先回答这个问题：

为什么地球不是宇宙的中心？为什么所有天体并不是围绕地球转动呢？

这不是耍赖！这是个很严肃的问题。

那么重的太阳、星星和银河系怎么会围绕那么小的地球运动呢？

现代科学家

宇宙没有中心!

那是不是所有的地方都可以成为中心呢?

这么说的话,地球是宇宙的中心也没有什么不对的嘛。

嗯

这么说的话,也可以……

假设在宇宙中只有太阳和地球,

谁围绕谁运动呢?

你绕着我转吗?

很难说……

但宇宙中除了太阳以外还有好多天体;

那么多的天体不可能都围绕地球旋转呀?

说得非常好!

嘿

仅仅在太阳系就有很多行星,假设这些行星都围绕地球运动,就会有许多无法解释的情况。

火星不是单向一个方向转动,还会往后转的。

摇摆

oh! yes!

摇摆

托勒密曾提出"周转圆"的概念。

古希腊天文学家兼地理学家就是我!

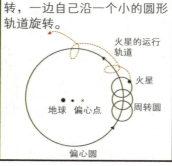

他认为,火星一边围绕地球旋转,一边自己沿一个小的圆形轨道旋转。

火星的运行轨道

火星

地球 偏心点 周转圆

偏心圆

这样就可以说明火星的复杂运动了。

yeah

伽利略的对话

《对话》这本书中提到了相关内容。

好，那么想象一下，为什么火星不可能一边环绕地球转，

一边自己在空中画小圆圈呢？

我有不能旋转的理由吗？

哇　哇

不想接受这种强词夺理的说法，那就一定得去读读这本书。

我曾冷静地驳倒过比这更牵强过分的主张。

吁

在这里，我先告诉大家一个真实的事例！

听完之后大家就可以明白，为什么错误的地心说给我带来如此大的折磨！

威尼斯的一位名医得到了一次解剖尸体的机会。

让我们看一下神经网络的分布。

尸体

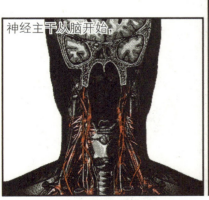

神经主干从脑开始，

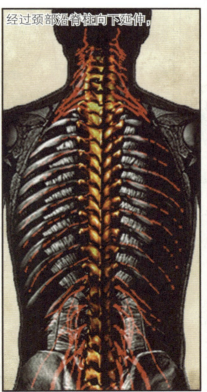

经过颈部沿脊柱向下延伸，

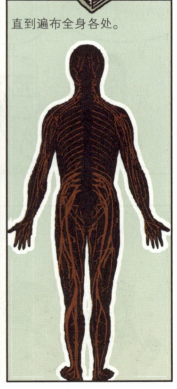

直到遍布全身各处。

现代人都知道神经是与脑相连的。

但在那个亚里士多德思想支配下的时代，人们相信神经是从心脏发出的。

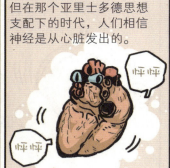

对他们来说，亚里士多德的话就是绝对的真理，

在这世上不信亚里士多德，那还能信谁呀？

除了他的话不接受其他任何事实。

哦，看来神经果然是从心脏开始的呢……

您的心脏在头里面？

哦，哦！

只因为一个理由，那就是亚里士多德在书上板上钉钉地说心脏是神经网络的根源。

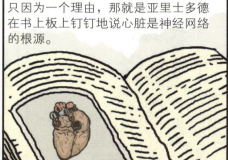

无条件地相信权威！

啊，这个人怎么这样！

明明亲眼看到了还分不清对错吗？

书上并不是那样写的！

那不是耍赖而是盲从，盲目相信！

伽利略的这本书就是用来跟这种人对话的。

正因为人们的思想是处于这种情况，我更要阐明我的观点。

那么让我们开始吧？

好嘞！

一旦承认日心说，当时欧洲的思想体系就会坍塌吧？

呼啦啦
思想体系

为什么我要把原本可以简单说明的东西搞得那么复杂呢？

答对了，我想听到的答案就是它！

自然科学就是要搞明白：

世界是怎么形成的，

是什么样子的，

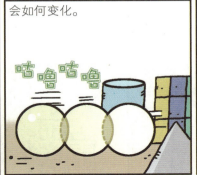

会如何变化。

科学家为了把在我们眼前发生的多种自然现象

形成龙卷风的原理是什么？

合理地解释清楚，做出了很大的努力。

是因为干燥空气和潮湿空气的冲突……

有朝一日我们自己也会去探究自然的本质！

还是搞不明白龙卷风形成的原理啊！

但是，目前我们累积的知识，

哇！

铛

铛

是否足够用来说明自然的本质呢？

找出那个答案不容易啊。

关于这个问题，伽利略在这本书的结尾是这样表达的。

唰 唰 唰

虽说上帝给予我们论证宇宙结构的自由（也许为了使人类理智的能力不致削弱或者变得懒惰），但又说我们并不能发现上帝手迹的奥秘。所以尽管我们多么地不配窥测上帝无穷智慧的实义，但是为了认识上帝的伟大并从而更加敬仰上帝的伟大，让我们仍旧进行这些为上帝容许并制定的活动吧。

伽利略的态度如此低调，

这里有主张日心说的人，抓住他！

是！

是为了避免严禁日心说的罗马教廷对他的监视。

我真是太低调喽！

嘿嘿

看见他就倒霉。

就是，不要抓他了。

啊……幸好！

不多说了，

反正探究出自然的本质没那么容易就是了。

总有一天我们可以探究出自然的本质。

我现在就想知道！

砰

但是现在还不是时候。

自然的本质

咚

哦……是这样吗？

那么目前我们累积的所有科学知识，

是不确定又无意义的吗？

那倒不是的。

嘿

人类现在正处于积累知识的全盛期。

从宇宙初始到末日，从生命根源到宇宙的结构，人类现在几乎具备了所有的知识。

有可能这些知识仍不能揭示宇宙的本质……

但可以把我们引导到宇宙本质的附近。

并且总有一天人类在这些知识的基础上……

唰

会探究到自然的本质！

不过，人类累积知识的过程是有一定规律的。

规律

只要找到了这个规律，

规律

规律

就可以说人类探究自然本质的路，方向是正确的。

规律

找到这个规律就是累积科学知识的意义。

为什么要固执地把简单的东西说得那么复杂呢？

13世纪英国哲学家奥卡姆

不是贝克汉姆！偶尔会有人搞错呢，嘻嘻。

奥卡姆

"如无必要，勿增实体"

是这样的主张。

这个定律叫作"奥卡姆剃刀"！

听起来比较难，但意思大概就是：

"自然不会做没必要的事。"

前面说的规律就是"奥卡姆剃刀"。

哎哟

奥卡姆

地心说和日心说谁能代言自然的本质呢？

这个先不做定论。

来，把这些包裹分成两堆，一个单独放，其他放另一堆。

是！

伽利略在说明宇宙结构时认为，和移动所有天体比起来，

…………

哼味　哼味

移动一个地球更容易，所以他支持日心说。

是不是搬这一个比搬那么多要容易很多？

我怎么没想到！

我绝对不会强迫对方接受我的观点。

不做没必要的事。

喂，你这个傻瓜！想想常识！

实际上伽利略通过这本书多次表达了自己的这种态度。

用日心说很容易说明的东西，为什么非要用地心说说得如此复杂呢？

其实也得考虑到在那个时代不能随便主张自己想法的情况。

具体在内容上看看吧。

这本书说的是四百多年前的科学知识，哪有那么难呢。

但是要从这本书中学到的，不只是单纯的科学知识。

在欧洲，亚里士多德的思想已经支配了人们两千多年。

亚里士多德

合体！

不管对不对，

人们离不开亚里士多德的思想。

啊呀

错误的固有观念到此为止吧！

砰

啊

嘿

要打破支配世界那么多年的固有观念，

必须要具备系统而翔实的理论体系。

伽利略在哥白尼的知识和自己观察结果的基础上，

合理地说明了宇宙的结构。

日心说

地球是围绕着太阳旋转的。

嗯……感觉又系统又合理。

伽利略为追求真理付出了很多努力，这非常值得我们学习。

现在简单说一下，这本书是怎么构成的。

肯定会让我们在读这本书时得到很大的帮助。

书中的萨尔维阿蒂、沙格列陀和辛普里邱三个人，花了四天的时间讨论了关于地心说和日心说的问题。

安静一下！从现在开始要花四天的时间进行讨论。

萨尔维阿蒂

沙格列陀

辛普里邱

萨尔维阿蒂是主张哥白尼的日心说的辩论代表。

可以看作是伽利略自己。

我是这场辩论的仲裁人。

辛普里邱是主张地心说的。

代表亚里士多德学派进行辩论。

沙格列陀是谈话的仲裁人，但实际上是偏向支持日心说的。

我是挺稳重的一个人，我会认真地听取双方的主张然后进行客观的判断。

……

伽利略主张日心说，

我坚决支持日心说！

又客观又稳重的沙格列陀支持日心说是当然的呀。

是这样

嗯

但是读书的时候有些东西是需要大家注意的。

在这本书中有好多地方跟现代的科学标准不太一样，

标准！

砰

咕噜

关于两大世界体系

比如说天体的大小或天体之间的距离。

为什么？

因为不仅是伽利略，那个时代绝大部分人所具备的知识都受到限制。

才爬了这么一点啊。

爬不动了。

知识

啊！

当时连星星到底是什么东西还没完全搞明白，

甚至都不清楚银河系的存在呢。

咔嗒咔嗒

但是我们要讨论的不是确切的数据而是宇宙的结构。

嗖

所以，没什么大问题喽！

伽利略是个什么样的人

第2章

1564年，伽利略·伽利雷出生于意大利托斯卡纳的比萨城。

意大利

那里有座挺出名的比萨斜塔。

听说过我在比萨斜塔扔下两个不同重量铁球的故事吧？

伽利雷是姓，伽利略是名。

有人误以为我姓伽！

喂，伽先生！

哼

伽利略·伽利雷，真是个挺有意思的名字！

我姓伽利雷！

呵呵，知道了。

在托斯卡纳地区有给长子起跟姓氏相似名字的风俗。

所以伽利略的爸爸给他起了跟姓差不多的名。

你的名字就叫伽利略吧。

伽利略的爸爸当然也姓伽利雷。

我叫文森佐·伽利雷。

我叫伽利略·伽利雷。

但是对大家来说，我的名字比姓氏更出名，以后就直接叫名字好了。

以免搞乱了……

嗯

伽利略的爸爸文森佐·伽利雷是当地出名的作曲家和音乐理论家。

我是业余音乐家和文学家组织"佛罗伦萨"的指导者。

世界上哪有不受父亲影响的儿子呢？

我也不例外。

嘿嘿

文森佐·伽利雷在数学方面也有很深的造诣。

嗯……这个是这样的，那个是那样的……

嗯？你也想学吗？

嗯！

他教过儿子勾股定理。

呵呵

1+1=2

怎么样，有意思吧？

嗯！

伽利略的性格也像他爸爸。

看看我正在写的书。

刺啦

对话

"我认为这种人的想法是不合理的，他们没有任何根据就无条件地相信过去时代的权威主张。我跟他们不同，我不会迎合任何其他人的想法，我会凭借自由的探究得到答案。因为只有那样做才会与探究真理的队伍合流。"

看看爸爸的书和儿子的书，书名怎么会那么像呢？

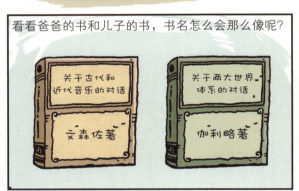

关于古代和近代音乐的对话

文森佐著

关于两大世界体系的对话

伽利略著

当然《对话》的书名是从古希腊哲学家柏拉图的"对话"来的。

愤怒

你们这是盗版！

只是借鉴而已。

相似的不仅是书名，在挑战过去的权威并展开新的理论主张这一点上也很像。

过去的权威

音乐理论

宇宙体系

我们要做的事还真是差不多！

只不过研究领域不一样。

13岁时，伽利略在佛罗伦萨的巴伦布萨修道院中修习了希腊语和伦理学。

本想当一名修士，但是因为爸爸的反对而不了了之。

我希望我聪明的儿子成为一名会赚钱的大夫。想知道为什么吗？

伽利略有一个弟弟和两个妹妹。

因为养孩子的负担很大。

哇哇

唉

1581年，17岁的伽利略听从了爸爸的意见，

我决定按爸爸说的做！

谢谢我的儿子！

考入了当时医学和数学属于同一系的比萨大学。

刚开始他为了让爸爸高兴而学医。

但是对医学真没兴趣……

唉

伽利略对医学不感兴趣，这与他的个人喜好有关。

而且在很大程度上是受到了学术界派别氛围的影响。

当时比萨大学以天主教教理和亚里士多德哲学为主导思想，

CROSS!!

天主教教理

亚里士多德思想

以经院哲学学派的学者为中心势力。

哈哈哈

啪

新知识

经院哲学

他们不接受新知识，

哼

砰

而且试图用亚里士多德的理论来解释世间所有的事情。

喂，物体自然下落的速度和重量无关！

啊？

任何反对亚里士多德理论的主张都会遭到毫不留情的攻击和谩骂。

胡说八道！

竟然说亚里士多德理论错了？

说亚里士多德理论不对，有错吗？

哼

哼

呼哧

有一天，伽利略在比萨大教堂里

偶然看到了被风吹动的吊灯。

跟着吊灯一同摇头的伽利略，

咦？

用自己的脉搏测算吊灯的摆动周期……

啊！

摆动周期与振幅无关！

摆动周期不仅与振幅无关，而且很有规律！

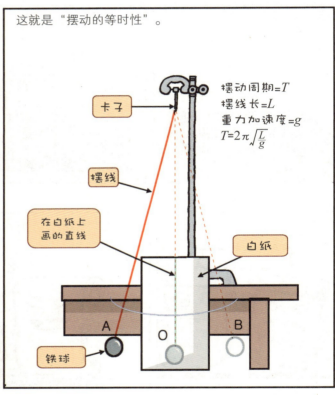

这就是"摆动的等时性"。

卡子

摆线

在白纸上画的直线

白纸

铁球

摆动周期=T
摆线长=L
重力加速度=g
$T=2\pi\sqrt{\dfrac{L}{g}}$

A　O　B

早就对医学失去兴趣的伽利略，改变了学习研究的方向。

还是一个人静静地研究好啊！

之前他没有系统学过数学，在这个时期他接触了欧几里得的几何学，之后便完全痴迷其中了。

太喜欢数学喽！

咕嘟　咕嘟

他曾跟着托斯卡纳宫廷教授奥斯特里奥·里奇学过数学和科学。

然后他下定了决心。

爸爸，我不想继续学医了。

嗯？

终于，伽利略得到了爸爸的允许。

谢啦，老爸！

1585年，伽利略放弃比萨大学的学习回到了佛罗伦萨的父母家。

爸，妈，我回来了。

回来也好。现在有什么新计划？

是啊？

我要成为一名职业数学家！

哦？

1586年，他头一次发表论文《小天平》就得到了大家的关注。

小天平

1589年，伽利略写了关于固体重心的论文，当年（25岁）就获得了在比萨大学的授课职位。

任命为比萨大学数学教授。

非常荣幸！

1592年伽利略转聘到帕多瓦大学任教，并继续进行关于运动的研究。

在帕多瓦大学是我的黄金时代。

嗯

1604年，他证明了下面的事实。

哇！太棒了！

你真的做到了。

哈哈哈，谢谢大家！

自由落体定律

伽利略在这里开始跟著名学者交流，

还遇到了有实力的赞助者，肯定了他优秀的学术能力。

而且工资也提高了，

还结了婚！

简直就是完美的幸福生活。

哈哈哈哈 哈哈

伽利略没有束缚在过去的权威里。

靠客观实验和观察结果累积知识。

伽利略在比萨塔扔下了两个不同重量的铁球。

开始了！

当然那两个铁球同时落到了地上。

所以多次与亚里士多德学派发生冲突。

在比萨塔实验，看看谁对！

没问题！

我先说结论：物体下落的速度与重量无关。

但是这跟亚里士多德学说截然不同。

重的一定比轻的先落下来！

但是通过刚才的实验就证明了那种说法是错的。

即便有了明确的证据，亚里士多德学派的人也不相信伽利略的主张，而是更加压制他的观点。

开玩笑，你知道什么？

你觉得自己比亚里士多德还伟大吗？！

啊！

伽利略对于宇宙结构的想法也跟亚里士多德不一样。

我早就相信哥白尼的日心说了。

但是要把我的想法告诉大家就很不容易了……

为什么呢？

1600年，意大利哲学家布鲁诺在宗教裁判所中，

日心说是对的！

死刑！

布鲁诺

因不肯放弃日心说的主张被判处了火刑。

太不像话了！

这么杀气腾腾的情况下能主张日心说吗？

那该怎么办？

是不是找到铁的事实就可以了？

1608年，荷兰一名叫利帕希的制镜专家，

利帕希

凸透镜

凹透镜

利用凸透镜和凹透镜制作了望远镜。

第二年，伽利略在威尼斯听到这个消息，

利帕希！我一定要超过你！

他马上回帕多瓦制作了3倍率的望远镜，并很快提高到了32倍率。

哇

完成了！

一直到1610年，伽利略用这台望远镜观测天体，拥有了许多重大发现。

他发现了月亮表面凹凸不平，

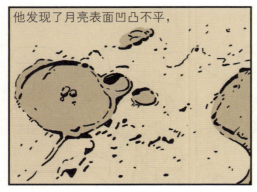

发现了木星拥有四颗卫星的事实。

我们也叫"伽利略卫星"！

木卫一　木卫二　木卫三　木卫四

还发现了由无数颗星星构成的银河，

观测到了太阳黑子、金星相位变化、土星环。

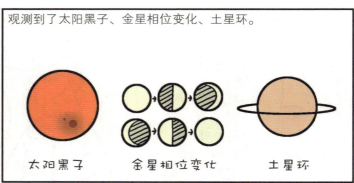

太阳黑子　　　金星相位变化　　　土星环

1610年，根据这些观测结果出版了《星际使者》一书。

为表彰其功劳，帕多瓦大学任命伽利略为终身教授。

呵呵

但是，他不久接受了托斯卡纳公国大公的科学顾问一职。

BYE~

为了更多研究只好离开……

教授……

这时伽利略已经驰名欧洲。

欧洲的顶峰！

欧洲

基于自信，伽利略于1613年将关于"哥白尼的日心说是正确的，而亚里士多德的地心说是错误的"观点，

地心说是不对的。

日心说，对了。

地心说　　　日心说

通过一封信发表了出来。

严谨的论证体系和精准的词汇运用得到了广泛的支持。

哦……挺棒！

真是很棒的论证啊！

但是让人无可奈何的磨难开始了。

支持伽利略日心说的人越来越多，亚里士多德学派感觉到了威胁。

日心说

亚里士多德学派

他们开始以违背《圣经》为理由攻击伽利略。

违背《圣经》的内容！

这个是错的！

日心说

也有不少在教会内有一定地位的人同意伽利略的主张。

我认为伽利略的观点是对的……

但是，当时天主教为扩充势力正跟新教处于对峙的状态。

天主教
VS
新教

为了维护自身势力，

得用点招儿了！

天主教廷严格地排斥所有的异见。

罗伯托·贝拉米诺

我就是负责教理管理的中心人物贝拉米诺红衣主教。

最终在1613年3月5日，教廷公开发表了"关于哥白尼的宇宙体系错误"的声明。

正式发表！

结果，哥白尼的书列入了教廷禁书目录。

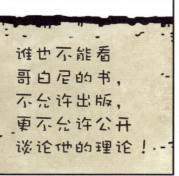

谁也不能看哥白尼的书，不允许出版，更不允许公开谈论他的理论！

唉～

这样我的处境多么难啊！

1624年，为了想办法让教廷撤回对哥白尼理论的禁令，

我去了！

嗻

伽利略去罗马找朋友帮忙，但没得到结果。只有一个人与众不同，那就是支持他的老朋友教皇乌尔邦八世。

如果你能把两大世界体系做一个公正的研究，我就允许出版你的书！

谢谢了，我的朋友！

我希望这本书的结论是：凭借人的能力终究找不到的宇宙的本质……

我会努力满足你的要求！

回到佛罗伦萨，伽利略开始执笔自己的力作，

嗻 嗻

并于1632年通过了教会的审阅，终于看到了一线希望之光。

哇

终于完成了！

这本书就是我们现在要读的《关于两大世界体系的对话》。

关于两大世界体系的对话

这本书是持有相反主张的两个人之间的辩论，

喂，听听我的意见！

不，先听我的！

这本书表面上没有任何倾向性。

我保持中立。

但是一读就很容易明白，它真正主张什么。

这本书主张日心说。

喀喀。

什么呀，竟主张哥白尼的宇宙体系！

砰

有些人提出，与新教倡导者马丁·路德和加尔文的说教比起来，这本书更糟糕。

影响太恶劣了！

难以置信会有这种书！

啊——真过分！

1633年，69岁的伽利略被宗教裁判所起诉传唤到罗马。

我有什么罪？

咯噔

咯噔

伽利略被判有罪并被劝说否认哥白尼的日心说。

一闭眼就说日心说是错的！

但是！

如果违抗那个……

死刑？

啊

对！

结果伽利略委屈地承认自己是错的，勉强保住了性命。

我放弃支持日心说！

此后他被软禁于佛罗伦萨自己的家中度过了余生。

即使这样我也要继续研究！

1638年，他根据力学的原理和实验结果，

出版了《关于两门新科学的对话》

关于两门新科学的对话

他一直坚持观测天体，直到眼睛失明。

他还与许多科学家信件往来交流意见，

哦……换个角度也可以这么想！

到1642年离世为止，他培养了维维安尼和托里拆利等徒弟。

今日关于伽利略的大部分事迹都是我口述的。

维维安尼

发现真空的人是我！

托里拆利

伽利略在天文学和力学方面留下了巨大的研究成果。

力学是研究物质机械运动规律的科学。

嗒嗒

伽利略这样在天文学领域硕果累累的伟大科学家也犯过错误。

我也是人，谁都会失误呢……

1609年，德国天文学家开普勒发表了关于行星沿椭圆轨道运行的理论。

伽利略不相信这事实，仍旧主张行星沿圆形轨道运动。

哼

当然开普勒的想法是对的。

哦……

我是对的！

伽利略在《对话》中没提到过椭圆运动。

椭圆运动不是那么重要的……

伽利略成功地把力学融入了科学之中。

发现并确立物体质量和运动法则的人是牛顿……

牛顿理论大部分都建立在伽利略的研究基础上。

咽
咽

读《对话》时便可以体会到。

我已经认识到了质量和加速度的概念。

在物理学中，运动状态互不相同的观测者之间描述物理法则和测定结果时会发生变化，在描述其如何变化时会使用"相对性"这个词。

相对性

在等速运动体系中，所有物理法则都是相同的原理，就叫"相对性原理"！

观测者

确立这个原理的人就是伽利略。

所以这个原理也叫"伽利略相对性原理"。

伽利略相对性原理不管是对牛顿的力学还是对爱因斯坦的相对论来说，都是重要的根据。

嘿！

我的硕果不仅在学问上。

还有？

伽利略将自己的一生都致力于突破过去的固有观念并开启一个全新的世界。

花了一辈子都很难打破呢！

哐

固有观念

1992年10月31日，梵蒂冈教皇终于承认了360年前在宗教裁判上对伽利略有罪的判罚是：

完全错误的！

教皇

然后，宣布承认伽利略在学术上、理论上的所有成就！

伽利略的伟大精神是我们要学习的。

第3章

第一天的谈话

好，现在开始第一天的故事。

还记得已经说过，这本书是由三个人的谈话构成的吗？

萨尔维阿蒂　沙格列陀　辛普里邱

萨尔维阿蒂代表赞同哥白尼主张的伽利略自己，

蓝队，萨尔维阿蒂！

辛普里邱代表追随亚里士多德理论的学派。

红队，辛普里邱！

但是后面也会直接提到伽利略和亚里士多德等实际存在的人物。

反正注意别搞错名字就是啦。

伽利略的对话

在第一天，这三个人认真地讨论地球与宇宙中运转的其他天体是否一样。

萨尔维阿蒂 沙格列陀 辛普里邱

说到地心说和日心说，为什么要讨论这些呢？

古代人和现代人的科学能力虽然差不多，但是积累的知识差别就很大了。

科学知识差得远呢。

……

反对吃狗肉汤。狗是我们的朋友！

法国的蜗牛菜呢？蜗牛也是我们的朋友。

哼

虽说我是伽利略，但毕竟是四百年前的人呢。

虽然伽利略的科学能力很强，但知识水平方面比现代人要低很多。

碎

起点就不一样！

而且当时科学知识的基础与两千年前没有太大的差别。

呼 呼 嗒 嗒 嗒 嗒

所以说如果以我们现代人的科学知识水平来读这本书，

？

嘤 呼 呼 呼

真不明白他们为什么会说这些话呢。

怎么这么慢？真不明白。

……

嗒嗒嗒 呼

比赛之前不都要先热身嘛，我们也先来热身吧。

一 二

不是那种啦！

在这儿说的热身，是指先要了解当时亚里士多德学派的学者们具备什么样的知识基础。

好，咱们回到亚里士多德生活的时代吧。

亚里士多德生活在公元前4世纪。

古希腊哲学家兼科学家。

亚里士多德把前人留下来的所有知识加以整理，集合成了一个庞大的理论体系。

唰

太散乱了！

这个体系支配着西方世界足足两千多年。

欧洲

在《对话》这本书中，辛普里邱这个人物就代表亚里士多德学派。

砰

砰

亚里士多德学派的学者和追随者也被称为逍遥学派。

亚里士多德曾在雅典设立了一所名为吕克昂的学校教授徒弟，

因为边在校园中散步边讲课，被称为逍遥学派。

逍遥学派确立了四个基本理论。

好，是哪四个呢？

第一，逍遥学派认为世间所有的物质都是由水、火、气、土这四种基本元素构成的。

还认为天上的天体是由跟这四种元素不一样的第五种元素构成的。

第五元素就是我！

他们认为，地球和天体是由完全不同的物质组成的，

性质不同，

真是的，这个世界！

哎呀，那位脾气真让人没办法！

好像不只是脾气不好……

运动方式也不同。

行动方式也不同！

第二，看看周围，世界上没有什么东西是不变的。

这么硬的石头也会变！

但是看看天，天体只绕地球旋转而不发生变化。

所以逍遥学派认为，

天上的物质是永恒不变的！

哦。

相反，地球上的物质每时每刻都在不断地发生变化。

与天上的物质完全不同！

原来是这样。

太不像话了！所以说是古代人的想法嘛。

先这样理解试试看。

第三，现代人知道物体为什么会运动。

是的，是因为受到了外力的作用！

但是逍遥学派认为，是因为构成物体的物质的物理性质而导致的。

什么意思？能不能说简单一点儿！

举个例子吧。跟土一样具有重的性质的物体会往下掉，

像火那样具有轻的性质的物体就会往上升。

第四，向上或向下的运动叫直线运动。

嘿哟

直线运动是只在地球上出现的不完全运动。

天上的天体只做圆周运动，就是环形运动。

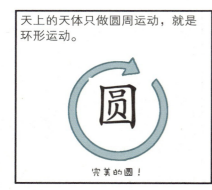

完美的圆！

看，以我的手为中心在转呢。

所以天体不可能成为宇宙的中心。

一直运动的我们不可能成为中心吗？

还有，物体会向宇宙的中心掉下去。

流星也向地球掉下来呢，所以说……

逍遥学派认为地球就是宇宙的中心。

如果地球不是中心，苹果就会向着别的中心掉下去呀！

这些说法现代人怎么也不能认同，但这对古代人来说却相当有意义。

不可思议的自然现象确实需要恰当地说明。

如果没有逍遥学派的理论，古人很有可能会终日在对自然的无知和不安中度过。

噼

啪

真的，那该怎么办？

好可怕，如果火忽然扑上来该怎么办呀？

根据逍遥学派理论，火是很轻的，它只往上走，不会扑向我们！

逍遥学派的理论担负起了这个任务。

吁

那样啊。

但是随着人们的认知能力和思考能力的进步，渐渐意识到逍遥学派的理论是错误的。

哦，爸爸，好像你关于火的理解是错的……

换一个理论怎么样？

可不那么简单哪！

换掉一个已经支配人们思想两千多年的固有观念，真是不容易呀！

香蕉不是木本植物！

那么是什么？是草本植物吗？

嗯。

太不像话了，如果香蕉是草本植物的话，那地球还在天空中旋转呢。

哼哼

草本植物也对，旋转也是对的呢……

在那个时代主张日心说的人会丢掉性命呢。

我哥白尼也是受了很大的压力。

嘚嘚

要主张日心说，就得跟支配世界的强大势力较量。

冲啊！

嗒嗒 嗒嗒 嗒嗒

并用无论如何也无法反驳的精巧理论和谨慎的方法来劝服他们。

精巧的理论

谨慎的方法

为了让人们理解日心说，萨尔维阿蒂代表伽利略说出了下面的主张。

要让人明白我的主张，需要一步步来！

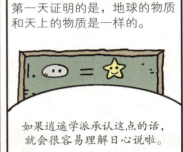

第一天证明的是，地球的物质和天上的物质是一样的。

如果逍遥学派承认这点的话，就会很容易理解日心说啦。

如果地球和天体一样，

地球也就没必要站在宇宙的中心了。

第二天证明地球的自转，

啦啦啦

嘿嘿

第三天提供关于地球公转的具体证据。

嘿

哈哈哈

最后，第四天说明潮汐的原理。

潮汐是跟着地球运动而出现的现象！

哗哗哗

但是遗憾的是，伽利略关于潮汐的说法是错误的。

这种错误是因为在我那个时代受到科学知识的局限，这也是没办法的事儿！

咱们现在先谈论第一天的话题，别的下次再聊吧。

直线运动和圆周运动

100分讨论

好，回到第一天的谈话。

我们的热身运动做得差不多了，所以就请大家见怪不怪吧！

现在开始听萨尔维阿蒂的主张。

大家好！

啪

啪

啪

第一天，萨尔维阿蒂提出了地球和天体本质一样的主张。为了说明这个道理，他先要说明圆周运动。

圆周运动是完整的运动！

哦哦哦！

直线运动只是向圆周运动过渡的过程而已！

呸！直线运动就是直线运动，圆周运动就是圆周运动！

物体静止，

直线运动，

咕噜噜

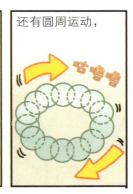

还有圆周运动，

咕噜噜

这几种情况的差别是什么？它们之间有什么关系呢？

萨尔维阿蒂为了说明这个问题，画了下面那样的三角形。

来，看这三角形。

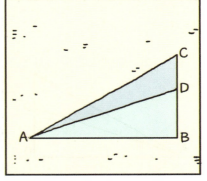

在C点的物体坠落到B点，

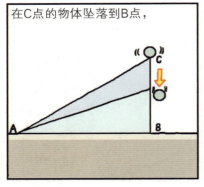

物体速度逐渐加快，到B点时达到最快。

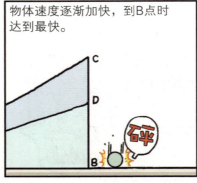

这次要让物体在斜面CA上滚动。

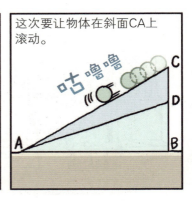

物体运动速度逐渐加快，到了A点时速度最快。

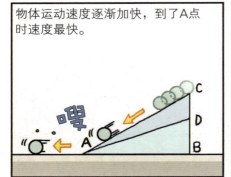

可不可以假设，物体通过A点的速度和通过B点的速度一样？

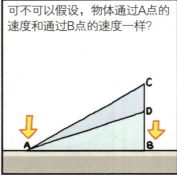

休要胡言！

不是胡言！

这个可以用很简单的三角函数来证明。

请认真听我说明。

物体通过CA的时间比通过CB的时间要长。

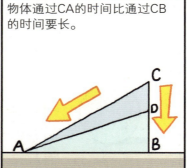

因为CA比CB长。

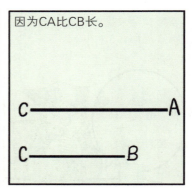

请想象一下，在C点和B点之间的D点位置画一条连接DA的斜线。

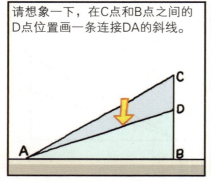

物体通过DA的时间要比通过CA的时间长。

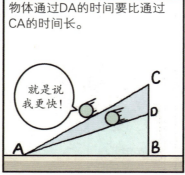

就是说我更快！

大家同意这个事实吗？

是的！

把 D 点的位置慢慢移动到 B 点吧。

可刷!

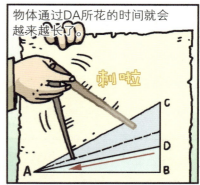

物体通过DA所花的时间就会越来越长了。

刺啦

如果坡度变得更平缓,物体通过DA的时间可能得花上100年。

好困啊!

慢腾腾

如果将D点与B点重合,其速度就是零,小球就会在那儿停止。

当然!

哼!

为了说明这个问题,要做两个假设。

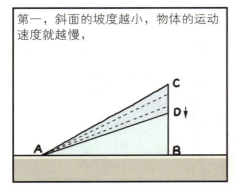

第一,斜面的坡度越小,物体的运动速度就越慢,

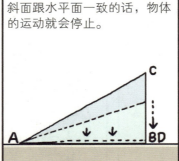

斜面跟水平面一致的话,物体的运动就会停止。

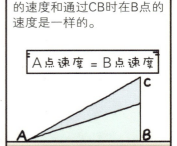

第二,物体通过CA时在A点的速度和通过CB时在B点的速度是一样的。

A点速度 = B点速度

好,那么我现在就告诉大家,萨尔维阿蒂想拿这个例子说明什么。

静止的物体要开始运动就需要慢慢积累速度。

就是说,任何物体不能忽然达到很高的速度。

所以萨尔维阿蒂认为,物体要达到一定的速度,

啪

咕噜噜

必须先通过直线运动才能获得所需要的速度。

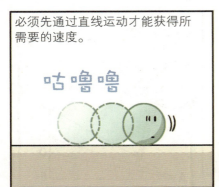

咕噜噜

如果D点和B点重合，物体就会在水平面上一动不动。

停！

……

亚里士多德和伽利略都认为，直线运动是不完美的。在这一点上他们是一致的。

直线运动不加限制的话，不知道会走到哪儿呢。

但是想一想圆周运动。做圆周运动的物体以一定的速度围绕圆心旋转，

塔 塔

嗒 嗒

嗒 嗒

嗒 嗒

不会停止也不会去别的地方。

那么这种完美的圆周运动到底是怎么开始的呢？

呼 呼

物体先做直线运动才能开始圆周运动。

物体先做直线运动，直到达到做圆周运动需要的速度，

到了！

到了吗？

嗒 嗒

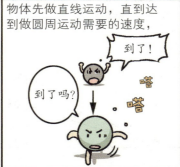

之后才会围绕中心以一定速度旋转。

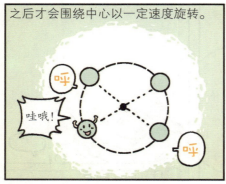

呼

哇哦！

呼

萨尔维阿蒂利用这个理论分析行星的轨道和运行速度，从而得出一个结论，

那样就可以计算出行星所在的位置！

虽然跟现代理论不一样，但也请听我解释一下。

我的代理人萨尔维阿蒂在这本书中是这样说明的。

让我们来做个假设："造物主"在创造宇宙时先把太阳放在中心，再创造行星并让它们在一定的轨道上围绕太阳旋转。

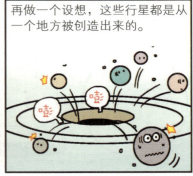

再做一个设想，这些行星都是从一个地方被创造出来的。

那么行星们是从离太阳多远多高的地方被创造出来的呢？

在那边的就是太阳吧？

真的好远啊！

行星真的都是从一个地方出来的吗？哈哈！

我的老家不在这儿！

先假设木星和土星是在挺远的地方出现的。

让我们边看下面的图边说吧。

设想一下它们就是从下图的C点被创造出来的。

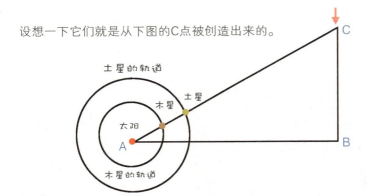

然后在同一高度上沿着斜面开始运动。

咕噜

咕噜

来，我们走吧。

土星先到达自己的轨道并开始做圆周运动。

我先到了！

木星要移动比土星更远的距离后，才开始做圆周运动。

好吧。

我还得走一段。

这样就可以说明，木星和土星的轨道和运动。

土星先到达轨道并开始做圆周运动，就意味着土星的轨道离太阳更远。

也就是说，我木星的轨道离太阳更近喽！

还有，木星比土星移动了更远的斜面，那么其速度也会更快，这是毫无疑问的。

而且我的天文学家同事计算出多个行星的轨道和速度，跟我的理论一致。

噢！

这说的是什么呀？！随便拿个不像话的理论来硬套在伽利略的身上了吗？

啊哈，这么快就忘记了我们为什么做热身运动啦。当时的科学水平只能达到这种程度呀！

萨尔维阿蒂在此想要证明的是地球和天体的本质是一样的。

其论述的依据是，圆周运动是完美的。

嘻嘻

亚里士多德和伽利略都是承认这个观点的。

承认！

承认！

虽然现在我们不认同上述观点，但在当时互相争论的人们

100分讨论

都承认的观点基础上展开讨论，这点没什么不对呀？

是，没错！

以我们现代的科学观点审视这本书中的观点是行不通的。

甚至辛普里邱在这本书中还提出下面的说法。

真的不敢相信，足足有50千克那么重的球，

从比人高50倍的高度上落下，仅4次脉搏的时间就坠落到地上。

嗖

伽利略的对话

我不相信速度这么快的物体，在别的情况下会慢到那种程度，那种过了一千年也移动不了半寸远的程度。

逍遥学派认为，从高处掉下来的物体的速度是突然变快的。

如果物体的速度真的是慢慢地加快的话，请给我明确的说明吧。

和这种认死理的人打交道，

该怎么说才能让他们明白呢？

我需要加倍努力才能说明白。

需要能让他们哑口无言的完美无缺的理论！

举一个物体在斜面上由静止变为运动的例子来说明吧。

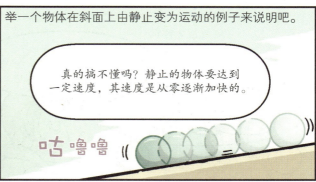

真的搞不懂吗？静止的物体要达到一定速度，其速度是从零逐渐加快的。

关于直线运动或圆周运动，我的想法大家可能难以理解。

因为那个时代对重力的本质不太理解。

当时人们认为物体的运动是随物体的性质变化的。

和在前面提过的火有往上走的性质一样。

我也是那个时代的人，当然也受到了影响。

我觉得物体向目的地移动时其速度是逐渐变快的。

亲爱的！

又觉得向目的地相反的方向移动时其速度是逐渐变慢的。

不忍离开，呜呜！

……

所以认为沿着固定的方向无限移动的现象是不可能出现的。

不许你离我太远！

一旦到达目的地，运动就停止了。

终于到了，休息休息。

目的地

如果没有目的地，物体根本不可能往其他方向移动。

目的地也没定，要去哪儿呢？

不去，不去！

因为无需达到什么地方就没必要运动，这就是顺应自然的道理。

大自然不做没必要的事！

所以说圆周运动是完整的运动，而且如果宇宙要达到均衡秩序的话，不管地球或天体都只会做圆周运动。

如果能论证这个事实……

天体

啦啦　　啦啦

相反，逍遥学派眼中地球和宇宙有另一种本质。

地球上的物体是直线运动，天上的物体是圆周运动！

当然。

真有证据的话就可以打败逍遥学派。

加油

得收集地球也有圆周运动的证据！

以我们现代人来看，双方都在说着不着边际的话。

唇枪　舌剑

……

好了好了！安静一下！目前为止两位的陈述都不够明晰。

话是这么说，但就现在大家所提出的论据和观点的完整性来看，

最重要的是我们需要提出完整且谁都不能驳倒的理论！

伽利略的得分应该要高！

耶！

天体不变吗

咯噔

为了证明地球和天体的本质一样，我要提出两个观点！

100分讨论

萨尔维阿蒂首先要证明圆周运动不光是天体有的。

圆周运动是包括地球在内的任何地方都适用的完美运动。

其次要说明天体也会发生变化！地球和天体是同样物质组成的。

亚里士多德认为，跟每时每刻不停变化的地球不一样，天体是永远不变的。

亚里士多德依据什么提出这个主张呢？

听

我不会什么理由都没有就那样说吧？

如果可以证明这两点的话，就可以说服逍遥学派了。

哦，地球和天体是同样的物质组成的……这话听起来真不对劲？

地球和天体完全不同，这一看就知道了嘛！

到这儿，先概括一下辛普里邱的主张，也就是代表亚里士多德的理论。

你好好说明一下！

啪

交给我吧！

新事物的生成是由于物体本身存在着某种对立，

咯噔

同样，事物的消亡也是由于事物本身转化为其对立面。

什……什么跟什么呀？

所以说，生与灭只有在存在对立时才会发生。

就是说，没有对立面也就没有生与灭。

性质相对立的物体，运动时就会向相反方向运动。

性质相同的物体就应该向同一个方向运动！

因此天体没有相对立的物体。

哦，什么？

……

性质相对立的物体向相反方向运动，这和天体没有对立的物体有什么关系吗？！

真的，因为天体只有圆周运动，而圆周运动没有相对立的运动啊。

所以天体也就不增不减永远不变地维持它们原来的样子呀。

啊，天体！永远不变！

噢！噢！

真是完美的理论！

天体没有相对立的运动，因此没有对立的物体……

好像被催眠了呢！

伟大的导师亚里士多德花了很大力气，

嗯！

来证明圆周运动没有对立的运动。

嗯！

运动只有三种形式：远离中心的直线运动，

叽里咕噜

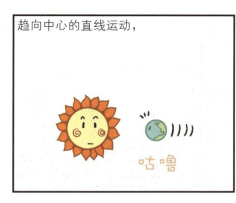

趋向中心的直线运动，

咕噜

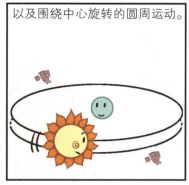

以及围绕中心旋转的圆周运动。

嘿

嘿

远离和靠近的运动是对立的，所以说圆周运动没有对立的运动。

有点儿不对劲啊……

困惑！

说了这么多，不知道你们能不能听得懂啊？

好像有困难。

那我讲一件挺有意思的事儿，大家先听我说。

在一个寒冷的冬天，有一个笨笨的店员在看守店面时没有燃料了。

太冷了，真是受不了！

嗯

嗦

哆嗦

于是店员找到老板说了这个情况。

那么拿保险柜里的钱去买呀！

店员去看了保险柜，那里也没钱了。

……

老板，那里没钱呢。

啊，那么卖燃料赚钱啊！

对呀！

嗒

店员再看看炉子，

哦？老板，没燃料了！

那么拿保险柜里的钱买呀！

结果傻傻的店员被冻了一整天。

到底什么地方出了问题？

呜嗦

呜嗦

逍遥学派跟这个老板很相似。

哦？为什么？

因为总是拿站不住脚的话翻来复去地说明自己的观点。

咱哥俩一定合得来！

······

把本来就不明白的事，用更不明白的逻辑来说明！

怎么样？很有意思吧？让逍遥学派的人明白一件事就是那么困难。

真是不容易啊！

唉

对辛普里邱的胡搅蛮缠感到头疼不已的沙格列陀开始反击了。

大家都知道我是这儿的仲裁人。

既然说天体绝不会有生有灭，

刚才说这是因为天体做圆周运动吧？

那么我来证明它们有对立面。

不是这样的！

好好想一下。

天体的对立面，是指有生有灭的物体。

也可以说就是地球！

但是，存在对立面的物体就会有生有灭。

刚才确实是这样说的，对吧？

唰

所以说天体也有生有灭！

啊哈！

哈哈，说得太好啦，不是吗？

强词夺理就到此为止，无法自圆其说了吧。

听到这儿，辛普里邱说：

哼！

我说的不对吗？

沙格列陀您的理论只不过是艾皮米尼地斯的悖论！

艾皮米尼地斯的自相矛盾是什么意思呢？

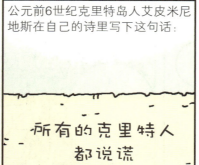

公元前6世纪克里特岛人艾皮米尼地斯在自己的诗里写下这句话：

所有的克里特人都说谎

如果这句话是真的，

我，艾皮米尼地斯，也是克里特人。那"都说谎"这句话就是假的！

如果这句话是假的，那么克里特人就不是都说谎。

一直在兜圈子，兜圈子，很纠结吧！

说是真话就成为谎话，说是谎话就成为真话。

为我敲响真实的钟声吧！

铛铛

由于有了这样自相矛盾的立场，后世把它叫"艾皮米尼地斯悖论"。

对于辛普里邱的胡言乱语，沙格列陀感到非常愤怒！

天空中的对立面处处可见！

啪

仰望天空可以看到大部分都是透明的，但星星不透明。

透明的地方密度低，不透明的地方密度高。

天空	透明	低密度
星星	不透明	高密度

天上有密度高低之分，也就是说天上有对立性质存在。

……

所以天体也是有生有灭的！

我沙格列陀原来是仲裁者，但是因为辛普里邱的缘故……

啊！

辛普里邱会同意吗？不会的。

对天体来说，密度高低不是由于性质对立造成的。

唰

辛普里邱认为，密度差别不是由于冷热两个对立性造成的，

密度和物理性质是没有关系的。

于是不知不觉地偏向萨尔维阿蒂啦。

我可能太激动了。但是大家不都是同意我的意见吗？

唉

真是不知所云。

……

密度高低是由含物质相对多或少造成的，

是妈妈朋友的儿子有出息，而不是我没出息！

你不和他比，也一样没出息！

也就是说，他认为多与少，不是性质对立。

就好像我们的工作不能说好或不好一样。

不是性质相反的意思。

……

……

就像很有弹性的气球，压这边就凸出那边，

压那边就凸出这边，

结果没有办法压住每一个地方。

有什么办法能压住辛普里邱的这种态度呢？

哈哈哈哈，完美的理论！

对了，通过科学的观察和实验来证明就可以喽！

这就是科学。

所以沙格列陀和

你刚才所说的不足以证明你的观点。所以你能不能就天体永远不变这个观点，

萨尔维阿蒂，

提出能证明其正确的证据或者能鉴定的事实呢？

提出了比辛普里邱更科学的论据。

好吧，既然你们这么想知道。

结果，辛普里邱拿着下面的种种论据来证明天体不变的观点。

第一，

哼！

我们可以用肉眼观察到的，

也查证过前人的记录，

天体是绝对不会有生有灭的，

绝对！

所以天体永远不会变化。

但是……

等等我还没说完呢！

但是地球上的物质在不停地变化，所以跟天体性质完全不同。

哎呀！

首先，季节不是一直在变化吗？

第二，暗的物体和亮的物体也完全不同。

地球是黑暗的，但是夜空中的天体闪闪发光。

啊！

所以说地球和天体是完全不同的。

现在明白了吗？

完美！

噢！

好，你说完了吗？现在可以开始科学的讨论了吧？

不知道这算什么科学解释?！

逍遥学派的解释常常这样让人感到混乱！

为了便于大家理解，我们用其他书里的内容做一个简单说明。

20世纪活跃在英国的科学哲学家卡尔·波普提出了下面的观点：

"可证伪性"应该作为科学理论接受或解决问题的标准。

可证伪性就是可以证明命题不是事实的可能性。

说简单一点儿。

是什么意思？

我要说的是，越是能证明命题有可能不是事实——

卡尔·波普

就越接近科学理论。

明白了吗？

不明白！

举个例子吧！

假设火星有两颗卫星。

要证明这个假说是错的特别容易：

发现火星的第三颗卫星就可以了！

啊！

因此我们可以说这是科学命题。

如果用所有方法也没发现火星有第三颗卫星的话，这假说就是对的。

但是对于"我们每个人都有自己的守护天使"这样的命题，

你好！

能看到我吗？

怎么来证明它是错的呢？

……

您好！

所以这样的说法不算是科学命题。

卡尔·波普

好，咱们现在来看一下辛普里邱的最后观点。

啪

这观点跟以前的不一样，挺容易证伪的。

好好看！

第一，假如在天上发现新的天体或观测到某种变化，

哦！是第一次看到！好像新出了一颗星星！

哇

那么，就说明亚里士多德的理论错了。

天体永远不变

也能反驳亚里士多德的理论。

怎么可能这么容易反驳我的理论呢……

啪嗒

这并不容易，只是努力接近科学理论而已。

他们现在的说法比刚才显得更尊重科学了。

怎么样？越来越有兴趣了吧？

亚里士多德也很重视观测和实验。

喂，喂……我也是个特别讲科学的人！

第二，如果能够证明在天空中确实有黑暗的星星，

哦，那是颗全黑的星星！

但是因为当时的技术不足，古时很难观测到正确的天文现象。

瞧瞧，这样容易观察到呀！

嗷

所以也不太清楚夜空中实际发生过什么。

哦，看得真清楚！

……

但是，在亚里士多德之后的时代，观测技术发达多了。

嗯，嗯……

嗯？怎么啦？你也想看看？

……

特别是，伽利略用自制的天文望远镜观测了无数的天体。

不，我还是用我自己的吧！

啪

哎呀！

就这样，因为有最新的知识和丰富的观测结果作依据，

所以伽利略对日心说的正确性相当有信心。

我都是有"靠山"的。

那么听一下作为伽利略的代言人，萨尔维阿蒂是如何对辛普里邱的观点进行反驳的。

天文学家们曾观测到，比月亮轨道更远的彗星的生成与消亡！

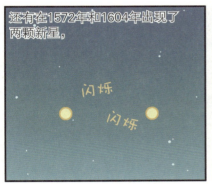

还有在1572年和1604年出现了两颗新星，

闪烁

闪烁

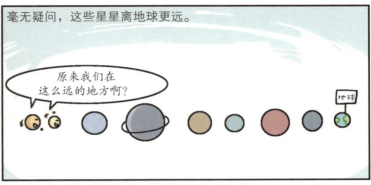

毫无疑问，这些星星离地球更远。

原来我们在这么远的地方啊？

地球

还有，用望远镜观察太阳表面，

啊！好刺眼。

唰

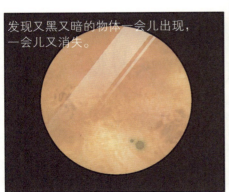

发现又黑又暗的物体一会儿出现，一会儿又消失。

有些物体比亚洲和非洲合起来的面积都大。

哼！真是不像话。

呵呵

辛普里邱！如果亚里士多德看到这些会说什么呢？

啪

而且你们也都知道，彗星是

从太阳系的边缘来到太阳周围的小天体。

有的彗星沿着长长的轨道按一定的周期围绕太阳旋转，

转啊

Hi~

转啊

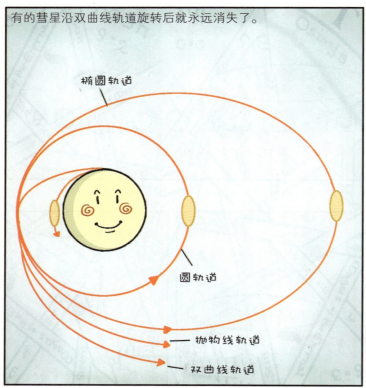

有的彗星沿双曲线轨道旋转后就永远消失了。

椭圆轨道

圆轨道

抛物线轨道

双曲线轨道

观测彗星从很久以前就已经开始了。

嘻嘻嘻

彗星是天体消失时出现的现象。

所以说天体不是永远不变的！

嘣

这个！

嘿嘿

知道萨尔维阿蒂说的两颗新星吗？

那是"超新星"。超新星是星星结束一生时的大爆炸。

那时候，那颗星星会释放出相当大的光和热，所以会变得特别亮。

在平时几乎看不到它，但这时大白天也可以那么明显地看到。

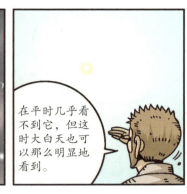

超新星并不是"新生"的星星，而是忽然发出亮光的星星。

太阳拳！

超新星很少出现，所以不容易观测到。

来看哪，来看哪，不是天天都能看见的！

历史上确有一些超新星的观测记录。

超新星在那儿！

我的人气不错嘛！嘿嘿！

萨尔维阿蒂说的两颗超新星，一颗是丹麦天文学家第谷在1572年发现的，另一颗是德国天文学家开普勒在1604年发现的。

第谷

开普勒

我们的发现对亚里士多德的天体永远不变的理论，

打击是很大的哟！

就那样过去吧，怎么那么会反驳！

哈哈！

萨尔维阿蒂刚才说的，太阳表面黑暗的物体指的是：

太阳黑子！

第一个用天文望远镜观测和研究太阳黑子的人——

就是我！

等一下！用天文望远镜直接看太阳会出危险哟！

因为阳光太强会伤害眼睛，肉眼也不能长时间看太阳。

喂，危险！

呀呀

用天文望远镜观测太阳时必须用滤光镜把阳光柔化。

或者当太阳被云彩挡住，以及早晚阳光比较柔和时观测才行。

唰唰

那样就可以看到太阳黑子喽。

哇噢！

哦，看到黑子啦。

现代天文学家证实，太阳黑子比周围暗且温度较低。

还发现黑子的产生与太阳磁场有密切的关系。

我还不知道这么具体的事儿……

但我知道黑子在太阳表面形成的现象，会新生也会消失。

麦当娜

like a virgin.

黑子也会在太阳表面移动。

唰唰

确实是这样的。

还有，黑子是非常巨大的。

小的直径有1500千米，大的可以达到数万千米。

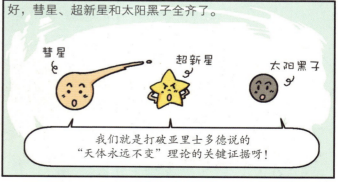

好，彗星、超新星和太阳黑子全齐了。

彗星　　超新星　　太阳黑子

我们就是打破亚里士多德说的"天体永远不变"理论的关键证据呀！

伽利略的对话

那么辛普里邱的立场怎么样呢？

嘎

天体不是永远不变的！

这个

呃

亚里士多德的影响力不是那么容易消失的。

哼哼哼

辛普里邱开始辩解：

其实测定彗星距离的科学家，由于自己的观测结果露出了破绽。

哦！

科学家利用时间差计算出的彗星距离有很大误差。

更远呢！

怎么回事？

而且他们计算的结果证明彗星和地球是同样的性质，这一结果恰好证明了亚里士多德的理论。

我们的理论是错的？

好像亚里士多德的理论是对的！

没有找到天空中出现新星的证据。

嗝

要想证明天体发生过什么变化的话，应该从很久以前开始观测，

那颗星是我，那颗星是你

而且还得说清楚是天上的哪颗星发生了变化。

那颗星星还在！

至于太阳黑子，那是人们故意做出来的，

在天文望远镜上看见鬼喽。

或者是因为在空气中发生了什么情况，你们就把它说成是在太阳表面发生的。

嘻嘻嘻

哦？

总而言之，那些现象和证据都跟天体没有关系。

啪

一句话，你们看错了！

您还真是善于巧妙地摆脱窘境呢！

不，我仅仅是表达了自信而坦率的心声而已！

刺刺

呼

亚里士多德的影响力支配了人们的思想两千多年，

因为我，人们就不能思考了吗？

其实只是人们不容易接受变化罢了。

哎呀

让持有不同看法的人明白一件事真的不容易。

确实有难度啊！

哼

哈哈哈哈，真是难为你喽！

为了主张日心说，伽利略准备了好多资料，

呼

并进行了认真的观测。

我坚信我观测结果的准确性。

研究太阳黑子是绝不能马马虎虎的！

真的！特别认真努力才行。

在代表我辩论的萨尔维阿蒂的说明中，你们应该可以感觉到这一点。

喀喀

从太阳黑子的形态和速度的变化，就可以知道黑子是在太阳表面上出现的。

嗒嗒嗒

忽悠

黑子在太阳边缘移动速度很快，越接近中心其速度就越慢。

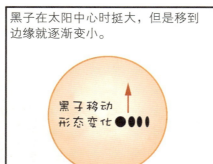
黑子在太阳中心时挺大，但是移到边缘就逐渐变小。

黑子移动形态变化

为什么？因为……

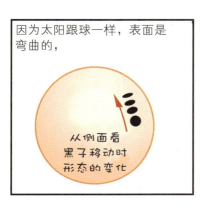
因为太阳跟球一样，表面是弯曲的，

从侧面看黑子移动时形态的变化

黑子向太阳边缘移动时会越变越细。

这说明"黑子在太阳之外围着太阳转"的主张是错的。

那个说法不对！

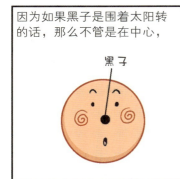
因为如果黑子是围着太阳转的话，那么不管是在中心，

黑子

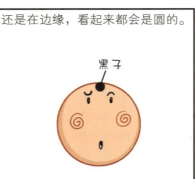
还是在边缘，看起来都会是圆的。

黑子

球从任何方向看形状都一样吧。

从哪儿看都挺圆！

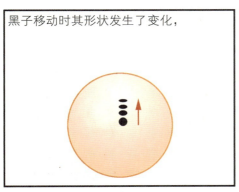
黑子移动时其形状发生了变化，

这就说明黑子是在太阳表面上产生的！

咚　　咚
咚

但是萨尔维阿蒂的说明没有奏效。这是因为当时的观测技术不足，拿不出让所有人都认可的满意证据。

说什么呀……

抠耳朵

你你……没好好听我的说明吗？

理论上是那样的，但是没有提供明确的实际证据啊？

喊

这个……

咯 噔

尤其是当时测量天体距离的方法，只有利用星星移动产生的位置视差的三角测量法。

咔嚓

三角测量法是什么？在一定距离的几个点上观测连线夹角，然后把每个点的位置关系数值确定下来，这样一种测量方式。

但是要测量像星星那么远的距离，这误差实在是太大了。

呜呜

如果能像现代天文学家那样测定月亮、彗星、太阳和超新星距离的话，

就能让逍遥学派充分地服气了。

嘻嘻嘻

能说服我们逍遥学派？

唉，可怜的萨尔维阿蒂……

唉……他是代表我的，实际是因为我太可怜了吗？

虽然伽利略在脑海中描绘出比任何人都接近事实的宇宙本质，

但在现实中却怎么也找不到明确的证据！

有心证，无物证……

咔嚓

地球和月球完全不同吗

伽利略是第一个用天文望远镜观测夜空的科学家。

在观测过程中，他被自己的发现吓了一跳。

哦，我的天哪！

月球表面原来是高低不平的。
粗糙的高山、低矮的平原，还有环状外缘的环形山。

亚里士多德对于包括月球在内的所有天体曾有这么一种说法：

它们跟地球不一样，都是光滑而完美的圆球！

因为地球和其他天体是不一样的。

但是我觉得这些观测结果是反驳亚里士多德观点的最好证据。

我要的就是这个！

伽利略给自己观测到的月球表面画了素描，

好，画一下月球的样子！

并留下了其中几张。

来，看看我的画！

这就是伽利略的月球表面素描。

让我们先听萨尔维阿蒂讲一下地球和月球有何异同。

好，先不说太阳黑子了。来，现在开始讲月球的故事！

第一，月球跟地球一样是圆圆的，像球一样。

这点不需要说明了吧？

第二，月球跟地球一样，是不透明的。

如果月亮是透明的，光线就可以穿过它喽！

光

嗖

因为不透明，光线不会穿过月球而只会被月球反射。

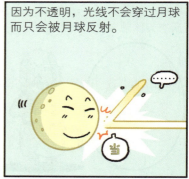

……

当

第三，构成月球的物质跟构成地球的物质一样坚硬。

其证据就是月球表面结构高低不平。

如果月球是液体构成的话，表面不可能是凹凸不平的。

别以为我是水做的！

咯噔

咯噔

第四，就像地球表面有陆地和海洋一样，

月球表面也有灰暗的部分和明亮的部分。

如果从远处看阳光照射下的地球，就可以看到陆地是明亮的、海洋是黑暗的，和月球表面看起来一样。

这就说明月球也可能是由陆地和海洋构成的！

第五，就像在地球上看月球有盈亏变化那样，

......

在月球上看地球时，地球也会有盈亏变化。

变化的样子和周期也都一样。

第六，就像在晚上月球映照地球一样，地球也会映照月球。

我叫地球光！

地球光？

因为地球比月球大，所以地球光会比月光更亮。

嗯，地球光是指地球反射的太阳光照射到月球的现象。

地球光尤其在新月时容易被观测出来。新月时没有阳光直射的部分由于受到地球反射光会隐约地闪光。

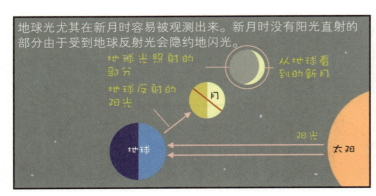

地球光照射的部分

从地球看到的新月

地球反射的阳光

月

地球

阳光

太阳

第七，像地球会挡住阳光导致看不见月球一样，月球偶尔也会那样。

地球光照射的部分

太暗啦。我一定要报仇！

月球挡住了太阳光，用自己的影子遮盖地球。

月球的"报复"就叫日食。

哼哼

但是月球的"报复"远远不及地球带给月球的"伤害"。

地球带给月球的"伤害"就叫月食。

月球会有很长时间埋在地球的影子里，

但是月球影子挡住地球的时间很短暂，而且挡不住地球的全部。

通过这七个事实，知道我要说明什么了吧？

……

我的观点很简单！

地球和月球有这么多的相似点，这就说明地球和天体差不了多少。

如果这是真的，就会从根本上动摇亚里士多德的宇宙体系。

摇动

亚里士多德宇宙体系

摇动

摇动

我也……同意月球跟地球一样圆而且坚硬，也同意从月球看地球有盈亏，也同意地与月相互挡住阳光。

嘿嘿，我就知道会这样！

喀 喀

但是辛普里邱对大部分观点都提出了反对意见：

但是！

又有但是？

第一，月球会反射太阳光，自己也会发光。

地球表面太粗糙而且黑暗，所以地球不可能反射阳光。

至于新月时照射不到阳光的地方有隐隐的闪光，不是因为地球光反射造成的！

这是因为月球自己在发光。

第二，月亮的表面不是高低不平，而是像镜子一样光滑平整。

为什么？

因为这样比较容易反射阳光。

所以萨尔维阿蒂，您所说的月亮表面的几种地形都是假的！

你说什么？

大怒

水晶或琥珀之类的宝石打磨得非常精细，不是也有黑暗和明亮的部分吗？

月球表面的地形和宝石一样，也因为阴影而显得高低不平。

哦！

啪啪

伽利略用天文望远镜直接观测过月球表面。

所以知道月球表面确实是高低不平的。

但是当时用天文望远镜看过月亮的人很少，所以大部分人难以相信伽利略的话。

其实现代人也不会都通过天文望远镜看月亮，大多数人仅仅看过通过望远镜拍到的照片而已。

即使辛普里邱用天文望远镜看过月亮，

唰

嗯？

也难以相信月球表面是凹凸不平的。

用常识来想一想，说"粗糙的表面更容易反光"，这也太不像话了吧？

就像把香蕉当成木本植物一样。

所以萨尔维阿蒂用一个实验证明了这个原理。

那么，好！让我们用实验来证明粗糙的墙比镜子亮！

香蕉是草本植物！

月亮表面那么粗糙怎么会反射阳光呢？

现代人好像也不太容易理解啊。

萨尔维阿蒂跟沙格列陀和辛普里邱一起，拿着镜子出去了。

跟着我！

啊！真是的，说点儿像样的话呀。

……

萨尔维阿蒂问了辛普里邱一个问题。

喂，辛普里邱，如果让你将那面挂着镜子的墙画出来，什么地方你会画得比较暗呢？

当然……

真是，没有观众在旁边，说起话来还真是不客气啊！

嗯？！

辛普里邱感到非常意外。肯定是镜子反射得更亮，但这是怎么回事？墙比镜子更亮啊！

这……这是怎么回事？！

闪

闪

嘿嘿嘿……

在眼前明明白白发生的事实面前，即便是持有强烈固有观念的辛普里邱也没办法否认。

再问你一遍，镜子和墙哪个该画得暗一些？

那……
那个是……

辛普里邱没办法，只能回答说应该把镜子画得暗一些。

是镜子呀……

啊，啊

什么？大家也不能相信镜子比墙暗吗？

那么我补充说明一下。

大家都在阳光下玩过镜子吧。

用镜子把阳光反射出来就有一道亮光。

太刺眼了，连看也不能看。那是因为镜子表面特别光滑，所以镜子很容易反射阳光。

哦，太刺眼了！

刷

不过想一想。

从镜子里反射出的光线只能沿直线方向反射，而不会跑到别的方向。

而其他角度光线就达不到，看起来就会暗。

啊！

嗖嗖

但是在像墙那样粗糙的表面上，

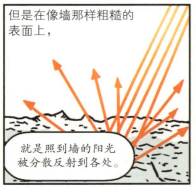

就是照到墙的阳光被分散反射到各处。

无论从哪个方向看，墙都显得比较亮一些。

当然光亮强度比不上从镜子集中反射到一个方向的情况。

月亮也一样。

如果月亮跟镜子一样，就只能在一个固定的角度看特别刺眼，

是月亮还是太阳啊？

正是因为月亮表面凹凸不平，所以无论从哪个方向看都会显得比较亮。

而从大部分角度看都会显得很暗。

不会吧！

我干得还可以吧？

是啊！

辛普里邱现在承认了在高低不平的表面上，光是如何反射的问题。

呃……只能承认了！

哼

那么他是不是也会承认，从地球反射的光也可以照亮月球呢？

好，那么你也会承认地球反射光喽？

嗯……不能那样下去了。辛普里邱要拿出什么东西进行反击，试图避免危机进一步加剧。

……

我最近看过的书上是这样写的。

"在新月时出现隐隐约约的闪光不是因为别的天体照射，也不是因为月球自身会发光，更不是因为地球的反射光。其光是从太阳来的。因为构成月球的物质有一定的透明度，太阳光的一部分可以透过月球，所以我们可以看得到那种隐隐约约的光。"

嗯……就是这么说的。

呼呼呼

……

伽利略的对话

怎么样？辛普里邱很能狡辩吧！不过，我们也不是那么容易放弃的。那么一起看一下萨尔维阿蒂是怎么辩论的吧。

那咱们想象一下，从月球出来的隐约的光是如何通过太阳来到我们这边的吧！

如果那种光能达到我们这儿，太阳、月球和地球就要在一条直线上才行啊。

那么要怎样解释新月上出现隐约的光呢？

咻

此时，新月与太阳保持大约20～30度的角度呢！

所以说，月亮上隐约的闪光只能是从地球反射的，这就是我的结论！

这……

而且地球上容易反光的地方不是海洋而是陆地！

就像墙面比镜子显得更亮一样，因为陆地比海洋更高低不平，所以会把阳光反射到各个方向呀。

伽利略观测到了地球光在下弦月时比上弦月时更亮。

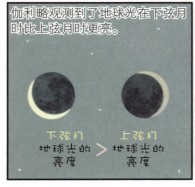

就是说东边天空中太阳升起之前出现的弦月

比西边天空中太阳落山时出现的弦月更亮。

下弦月在东边出现时是亚洲一面对着月亮，

此时比月亮在地球西边时所面对的陆地面积更大一些。

所以东边下弦月时的地球光比西边上弦月时的地球光更亮！

好，现在把辛普里邱关于月亮的问题基本上解决了。

那个！

最后让我们看一下月亮表面是不是真的高低不平吧。

等一下……还没……说明为什么月亮有明有暗呢？

辛普里邱觉得月亮有明有暗是因为月亮是由透明和不透明物质混合构成的，大多数人都会产生这种错觉。

不会是我的错觉吧。

就像球型宝石表面上的纹理一样，

喂，辛普里邱。再听我给你说明一下！

来

在月亮表面上亮的地方是高山地带，暗的地方是平原地区。

明暗的界限不是那么规矩，而是像锯齿一样犬牙交错。

这就是月亮表面凹凸不平的证据呀。

看影子就可以知道在月亮的表面有山。阳光下的山峰后面就会有黑色的影子……

太阳角度越高，影子的长度就越短。

到了满月的时候，影子会完全消失。反过来想象一下，

这时如果阳光从反方向照的话会怎么样？

在前面看过的山的影子就会出现在反方向哟！

辛普里邱，如果像你说的那样……

月亮表面的明暗是由于透明和不透明的物质混合造成的，

就不会出现前面提到的那些情况啦。

还有，早晨的影子长，然后太阳越高影子越短。通过南边天空后，太阳逐渐下降，影子又开始逐渐变长。

萨尔维阿蒂利用我们周围经常出现的现象，证明了在月亮表面有山。

我说的跟亚里士多德的理论不一样，我认为地球和月球没什么特别的不同。

呃！

拿这么几个证据就想说服逍遥学派，显然没那么容易！

你们的证据太少了。

对于仅凭权威就坚持"自己是正确理论"的逍遥学派的辛普里邱来说，

权威

我认为到了可以反驳的阶段，有这些就足够了。

我还有很多话想说但没说出来呢！

哼哼

再怎么努力，没有先进设备，也不能充分证明自己的想法。

面对萨尔维阿蒂明确的证据，思想上开始有所动摇了。

有了这一点也是挺大的安慰吧？

好，第一天的谈话就这样结束了。

歇一会儿，再进行第二天的谈话吧！

呼呼

第二天的谈话

第4章

好，第二天开始了。

嗯—

萨尔维阿蒂、沙格列陀和辛普里邱这三位再次开始了谈话。

沙格列陀首先针对第一天的谈话内容，做了简单的要点整理。

安静一下，我先简单整理一下昨天的谈话。

前面已经说过，第一天聊的内容算是准备阶段。

要阐明下面两个理论中哪一个更合理。

第一个理论做一下简单概括。

请辛普里邱做陈述！

喀喀，地球是由有生有灭的元素构成的，但是天体是由永恒不变的第五元素构成的。

第二个理论是萨尔维阿蒂支持的。

请萨尔维阿蒂做一下陈述！

地球和天体没什么差别，我们比较了地球和月球，证实二者之间有许多相似之处。

好的，我们的结论是第二个理论目前看起来更合理。

但是萨尔维阿蒂并不那么想，

嗯……

他在冷静地思考。

沙格列陀！

嗯？

你刚才说地球和天体具有同样性质是对的，但实际上对此我是有意见的。

萨尔维阿蒂认为，暂时先不要做任何结论。

嗯？

我要做的不是提出理论并驳倒对方的观点，而是不偏于任何一方的客观论述。

哦！

因为关于一个理论正确与否应该让公众来评判。

我只是陈述我的观点而已。

他居然拒绝拥护自己的主张，萨尔维阿蒂真是太了不起啦！

哈哈，到不了了不起的程度啦……

这样才是真正的科学态度。

科学家要冷静而彻底。

勉强地主张自己的意见时，容易进入误区。

辛普里邱也一样！

哼！

为了客观地判断自己和对方的主张，人们不该持有偏见。

第二天的主题是关于"地球的自转"。现代人都相信地球的自转。

但是请好好想一下。

如果没有通过学校的学习或自我阅读学习，我们能知道地球自转吗？

很有可能不知道！

因为在日常生活当中，人们基本上感觉不到地球有任何动静。

那么，古人呢？

古人当然更容易相信太阳、月亮和星星围绕地球转啊。

不是地球在转，而是天空在转。

因为地球是宇宙的中心！

古希腊伟大的哲学家亚里士多德是这样说的。

地球是宇宙的中心，而且是静止不动的。

有那样想法今天看来好像也不为过。

观测装备没有，网络也没有。

另一方面，从亚里士多德时代起一直艰难延续下来的日心说，终于被哥白尼重新大白于天下。

被我伟大的哥白尼又重新扶上了世界的舞台。

接下来，我伽利略在观测的基础上，提出了日心说是正确的决定性证据。

地球和宇宙，到底谁在动呀

今天我要提出我主张的日心说理论！

在这本书里，萨尔维阿蒂代表伽利略提出了主张日心说理论的七个证据。

就凭这些证据也可以看得出地心说多么不合理。

第一，宇宙比地球大得多。

嗯

嗯

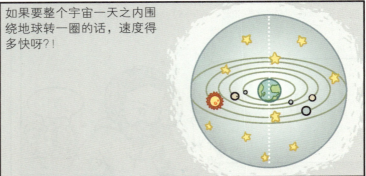

如果要整个宇宙一天之内围绕地球转一圈的话，速度得多快呀？！

如果这样也行、那样也行的话，没必要选择那么难的方式呀！

我转动球比我围着球转更容易呀！

同理，地球围着宇宙转，比巨大宇宙围着地球转更有效率而且更容易，不是吗？

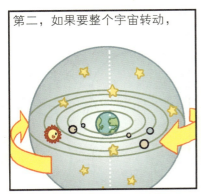

第二，如果要整个宇宙转动，

谁呀！谁说了让宇宙动的！

嗒嗒嗒

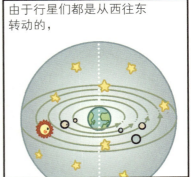

由于行星们都是从西往东转动的，

而且这种运动的速度非常慢。

生活过得轻松一点儿吧！

但是如果地球不动的话，就会出现问题了。

那么从东向西飞快转动的整个宇宙正好与行星运动方向相反。

但如果是地球自转的话，就能很好地解决这个问题了。

还是让我来自转吧！

真的吗？哈哈，这样真是太方便了。

而逍遥学派不是主张"天上没有对立性质的物体，所以也不存在相反的运动"吗？

所以不该承认行星和宇宙会以相反的方向转动。

啊！

第三，不管哪种转动也应该有一定秩序。

如果宇宙要转动的话，这些秩序很快就会被破坏掉。

在这里说的"秩序"是跟运行周期有关的。

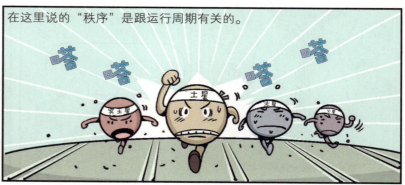

越是在内侧轨道的行星，公转的周期越短；越是在外侧轨道的行星，公转周期越长。

加油！

木星公转周期比土星公转周期短。

我转的时间当然更短！

哼，因为你的位置更近嘛！

那样的话，比土星更远处的行星公转周期会怎么样呢？

当然会更长。

那么包括行星在内的所有天体，用同样一天的时间绕地球转一圈，这个可能吗？

太不像话！

第四，假定恒星也在24小时内绕地球转一圈，那旋转的速度差异极大，必然会引起极大的秩序混乱。

接近极点的恒星以很小的圆圈在旋转。

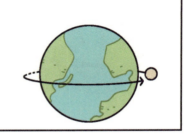

接近赤道的恒星以大的圆圈在旋转。

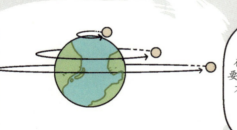

如果这些恒星距离更远，而且与极点或赤道的位置也不同的话，

在同一段时间内要移动不同距离，不同恒星的旋转速度当然会有很大差异呀。

围绕一个很小的地球，这么多恒星，旋转速度差得那么大，这样太没效率了！

如果是地球自转的话，这些问题自然就解决了，星体运行周期的秩序就变得井然了。

第五，假定恒星位置变化时其旋转速度也会变化。

恒星的位置变化？

两千年前的天文学家已经发现了本来沿赤道转大圆圈的恒星，

嗯……那恒星的位置是……

在今天我们看来却偏离了赤道许多度了。

啊！

恒星的位置变了。

根据这些观测结果，说明恒星的位置发生了变化，

凭借地心说该怎么解释啊？

呃

萨尔维阿蒂说的这个现象用现代天文学来说明一下。

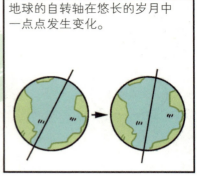

地球的自转轴在悠长的岁月中一点点发生变化。

这种现象就叫作岁差。

因为存在岁差运动，总有一天北极星会偏离北极的。

喂，为什么要远离我呢？

呜呜呜

怒

北极星

因为你的自转轴变化了呀！

因此持续数千年观测的话，可以知道恒星位置一直都在一点点地发生变化。

来，再听听萨尔维阿蒂是怎么说的。

第六，亚里士多德认为恒星所在天层是非常坚硬的。

那么恒星怎么可能在那么坚硬的宇宙中绕着地球旋转呢？

……

我可不相信亚里士多德的观点，我认为"宇宙是流质"的说法更合理些。

如果宇宙是流质的话，那么所有的恒星能以极快的速度旋转吗？

当然不行！是什么规律来操纵它们呢？

或者恒星在流质里完全不动吗？这似乎也很难解释啊。

所以说，地球自转更容易呀。

最后是第七点！

第七点将给地心说带来更大的挑战。

那是什么呢？假设宇宙天体一天旋转一次。

启动这运动的动力应该会非常巨大。

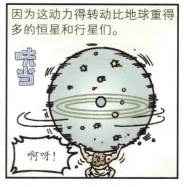

因为这动力得转动比地球重得多的恒星和行星们。

咣当

啊呀！

那么，地球这么小的球体如何不被这种巨大的力量卷走，维持自己本来的位置呢？

我也不是大力士啊！

但是如果假设地球自转，那么一切现象就都可以解释了！

嘣 嘣

宇宙

因为地球比宇宙小得多，

宇宙

嘣 咣当

地球自转不会影响到整个宇宙。

……

嘣 嘣

宇宙

啊！多么坚实且系统的说明啊！

虽然说流质围绕地球等几个见解是不科学的……

但萨尔维阿蒂完美地揭露了地心说理论的种种不合理之处。

以上陈述是我主张日心说的理由。

好像醍醐灌顶一样啊！很有道理呀！

但是辛普里邱没那么容易认输。

神的力量是无限的，所以转动整个宇宙也不需要用那么大的力气！

嗯？

我的理论跟亚里士多德的教诲不矛盾。亚里士多德不是曾这样说吗："如果能简单得出合适的结果，就没必要搞得那么复杂"！

呵呵，他用辛普里邱崇拜的亚里士多德的名言进行了反驳！

呼——引用亚里士多德的名言你可是漏了很重要的一句哟！

那就是亚里士多德是说两个理论"同样好"的情况下。

两个观点在各个方面都能得出合理的结果。

辛普里邱看到大家茫然的表情，又接着往下解释。

······

辛普里邱接着说：正因为日心说是个简单理论，所以没必要无条件地追随吧。

真是个固执的人！但起码辛普里邱的态度比刚开始有所转变了。

亚里士多德说的就是"有简单理论和复杂理论，如果它们都对的话，那这两个都有价值"。

在这里简单理论是日心说，复杂理论是地心说。

伽利略的对话

辛普里邱从刚开始完全否定萨尔维阿蒂的意见，现在有一定的认可呀。

那都是因为我真心地努力呀。

喀喀，不管怎样……

也听听逍遥学派的主张吧。

关于萨尔维阿蒂提出的七个问题，我的回答如下。

第一，如果地球的运动是地球的本性，那么构成地球的物质也得具备同样的性质。

但是地球上的物质都是只有向中心掉下来的直线运动性质。

如果地球不是天然运动而是受外力作用而运动的话，这就是非自然现象。

非天然运动不会是永恒的，但是宇宙的秩序却是永恒的呀。

所以地球自转的主张是错误的。

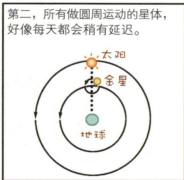

第二，所有做圆周运动的星体，好像每天都会稍有延迟。

太阳
金星
地球

就算地球存在运动，地球也会有两种运动！

假设地球也会动的话，地球也该存在两种运动。

真是那样的话，恒星位置应该经常变化呀，但是实际上没观察到那种现象。

没观测到恒星的位置变化。

摆
手

第三，无论全体或一部分天体都有向中心运动的倾向。

而在宇宙中心的物体就留在那儿一动不动。

亚里士多德认为所有物体向着宇宙中心运动，而地球是宇宙的中心。

地球在宇宙的中心，所以所有的物体都向着地球运动。

是那样啊。

有什么根据说地球是宇宙中心呢……

啊啊……等一下。

第四，亚里士多德通过实验得出地球是宇宙中心的结论。

把很重的物体松开或扔到空中，它会垂直地掉下来。

亚里士多德认为，这就说明物体是向着地球中心运动的，

地球则一动不动地接收这些物体。

地球是宇宙的中心。

第五，天文学家们曾观测到，恒星的运行跟地球位于宇宙中心的结论相呼应。

"呼应"是指与某些事或情况保持一致！

不过，这种对应关系得先承认地球是宇宙中心才能说明。

所以说只能承认地心说。

谢谢！谢谢！

听完辛普里邱的答辩，逍遥学派的态度似乎表明他们完全都不了解实际观测到的天文现象。

他们认为所有的结论都不能违背亚里士多德的说法。

而且一点也不关心反对意见，以及反对者们做了哪些研究，得到了什么样的结果。

辛普里邱在第二点的答辩中声称没观测到恒星位置的变化，

那个问题我早就说过……

两千年前的天文学家就观测到了恒星位置的变化……

到底听没听我说过的话呀。

叹气

照我的经验来看，相信哥白尼理论的人大多都对亚里士多德的理论了解得很清楚；

现在看来，逍遥学派中了解哥白尼理论的人一个也没有。

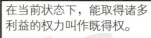

……

在当前状态下，能取得诸多利益的权力叫作既得权。

如果改变现有体制，既得权就得不到保障了。

但是逍遥学派的人大部分都没看过哥白尼的书。

亚里斯士德理论支配了西方社会两千多年。

在这样的体制中享有既得权的人

哈哈，托亚里士多德的福，我们过得不错！

亚里士多德万岁！

当然不愿意亚里斯士多德的理论倒下。

逍遥学派的人害怕的就是失去既得权。

说直白些，就是现在这些人在亚里士多德体制下过得很好，

如果有像哥白尼那样的人要更换体制，他们该多么憎恨他呀。

没人再找我们讨论或学习，以后我们怎么过日子呢？

还有，人们都不愿意改变一直相信的、觉得是对的观点。

煮方便面先放调料后放面才好吃！

不，先放面才好吃！

辛普里邱就是那样的人。

我这人不是因为坏才那样做的……

想要更换现行体制的人往往会因各种各样的理由备受批判。

不管对不对……

如果日心说正确的话，人们的想法就会发生根本性变化，社会体制也会跟着发生变革。

日心说不仅仅是科学理论，而是会撼动支配整个西方世界的思想根源。

摇动

摇动

所以后人把日心说叫作"哥白尼的科学革命"！

自由落体运动

前面萨尔维阿蒂提到的关于地球自转的证据，大都是基于大量天文观测的结果。

但是绝大多数人的经验都是基于对地球上周边发生的种种现象的。

云彩在飘来飘去！

喂……这是热气球。

已经形成了地球是不动的这一观念，

我也想跟云彩一样自由地飘在天上。

我是热气球！

在科学知识匮乏的那个时代，要形成新的认识确实是一件不容易的事。

像亚里士多德那么优秀的科学家也会受到各种观念的限制。

萨尔维阿蒂充分明白逍遥学派为什么不敢相信地球是转动的。

所以需要引导辛普里邱说出一般人的想法，然后再加以分析。

云彩或鸟儿不是固定在地球上的，

如果地球自转的话，它们怎么会跟得上这么快的速度呢？

啊……地球太快了跟不上它呀。

还有，如果地球从西往东自转的话，

呜呜

骑马奔跑时应该有很大的东风。

啊呀呀！

而且如果地球自转，人或动物都不能站在地面上而是被抛向空中呀，

啊！

因为旋转时会产生向外的力。

阿阿阿阿
嗖嗖嗖

哦哦……萨尔维阿蒂的学问真是扎实！

听到支持自己的观点还挺得意呢……

但是，萨尔维阿蒂并没有说这些观点是对的，

反而有了驳倒逍遥学派错误想法的自信。

萨尔维阿蒂肯定是胸有成竹，才会用这种方法替对方来说的。

嘿 嘿

船在静止时……
嗖

从桅杆顶上向下扔石头，石头就会掉到桅杆正下方。

咚

如果船移动时，将石头扔下，

嘣
唰

石头就会掉到离桅杆较远的地方。

咚

换个角度来想，从桅杆顶上向下扔石头，看看这石头是掉到桅杆正下方还是离桅杆较远的地方，就可以知道船是静止的还是移动的。

移动的船　静止的船

辛普里邱的观点不就是这样吗？

98　伽利略的对话

是啊，是这样。

但是这儿有一个盲点。

如果真是那样的话，

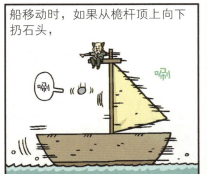

船移动时，如果从桅杆顶上向下扔石头，

啊

啊

也跟船静止时一样掉到了桅杆正下方的话，

咚

仅凭这个现象就能判断船是移动还是停止的吗？

哦？为什么不掉到后面呢？是不是船没动？

可以判断出来吗？

不，不知道。

什么？还不明白想说什么吗？

所以说要好好思考啊！

那就说得容易一点儿吧。

根据逍遥学派的观点，

按照在桅杆顶扔下石头观察其掉落的位置，

就可以判断出船有没有移动。

石头掉到桅杆正下方则船是静止的，掉到桅杆后面则船是移动的。

但是如果在移动的船上，石头也掉到桅杆正下方的话，

就判断不了船是否在移动。

把这种情况试验一下。

把石头向上扔

或向下丢时，

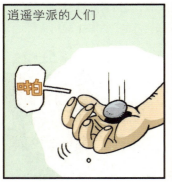

逍遥学派的人们

看到石头垂直掉下来，

于是就宣称地球是静止的。

所以说地球是不转的！

但是如果地球运动的话，石头也会落下来，

举那个船的例子就是这样，

这样我们感觉不到地球的运动！

既有可能停止，也有可能运动！

那么，我们就假设"地球在转动"！

现在萨尔维阿蒂就来证明，在移动的船的桅杆顶上扔下石头时，石头可以垂直落下。

啾啾　啾啾

当然结果即便跟萨尔维阿蒂主张一样，也不能算是地球转动的证据。

就算是那样，还不是没用。

  伽利略的对话

但是却可以说明逍遥学派的理论是错的。

哼

逍遥学派的人，当然也包括辛普里邱认为，如果船移动的话，石头就会落到后面。

石头当然会掉到后面！

哼

所以没必要看！

唰

看到这里大家可能会觉得古代人很傻，自己在船上扔块石头试一下不就行了嘛。

喂，喂！

走了

但是大家也得从一定程度上谅解古代人，

比起建立在客观事实基础上的实验，古代人更重视经验。

那时很多观点都是在日常生活经验的基础上得出的，

亚里士多德，往伤口上抹点口水就治愈喽。

口水里有多种细菌，对伤口更不好。

经验带给我们许多知识，当然也有谬误。

听奶奶的话，快点儿抹些口水！

哎呀！我没事啦！

亚里士多德就因为过于相信经验犯了这种错误。

口水可以治百病！

哈哈，口水治病不是亚里士多德的主张。

试着在没风时从桅杆顶上扔下羽毛，

羽毛就会垂直落下来。

轻轻地

这时在移动的船桅杆上扔下羽毛，

唰

羽毛不会垂直掉下来，而是会往后飞。

这是因为即便没风，船开动时也会把空气往后推的。

空气

像这种不能忽视空气影响的情况还有很多。

如果是在现代的话，会在真空状态来做这个实验。但是当时哪儿有真空条件啊！

所以古时只能在日常经验基础上

说明自然现象。

对辛普里邱来说还有一个难处。

当时人们对力和运动的认识与现代人的科学概念有很大的差异。

我们再举个扔石头的例子。

把这个……扔远一点！

我们用力扔石头的话，它就会飞得很远。

嘿！

但是我们已经知道，石头在飞行过程中，已不再受我们施加的力了。

嗖

飞得真远啊！

让石头飞的力是刚开始抛出时施加的，然后就不再施力了。

不是我想飞。

但是古代的人不明白，为什么物体不受力也可以动。

石头飞时一定也有力在起作用。

已扔出去的物体继续飞的原因是什么？

亚里士多德认为，是一种介质一直在推着物体。

介质

102　伽利略的对话

推着石头飞的介质就是空气呀！

紧急通知

推石头的介质

其实就是我！

空气

大家可能不理解，为什么古人会有这种想法。

那是因为我们大家已经学到了正确的科学知识。

现代

但是在追随着亚里士多德理论的辛普里邱看来，

从移动的船桅杆顶上掉下的羽毛会落到后面的原因，

不是因为风而是因为介质把它往后推的，他只能这么理解。

我就是那样学的。

怎么样？你们也认为"空气推动石头飞"的观点很荒谬吧？

亚里士多德理论的影响力再大，

欧洲

也挡不住追求真理的人们刻苦努力。

加油

所以才会有萨尔维阿蒂那样的人来指出亚里士多德的错误。

……

萨尔维阿蒂确信：

介质推动物体的观点是错的！

而且从桅杆上掉下的物体即便是船在移动时，也会垂直地从桅杆上落下！

啊！如果萨尔维阿蒂的观点是对的，可能会出现神奇的现象哟！

哦

喂，你怎么那么惊讶呀？

哈哈……告诉你我为……为什么惊讶。

我的想法可以画成下面的图。

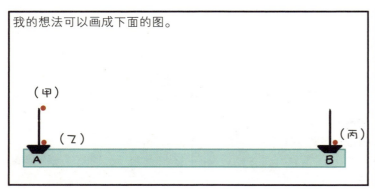

（甲）

（乙）

A

（丙）

B

船静止时石头从甲处落到乙处。

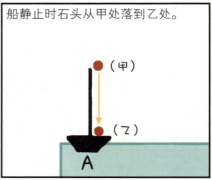

（甲）

（乙）

A

当船从A移动到B时，石头从甲处落到丙处。

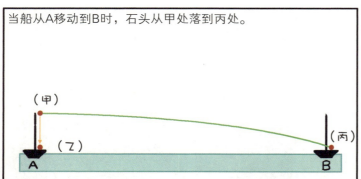

（甲）

（乙）

A

（丙）

B

在我们看来，石头是沿着长长的曲线移动到丙处的，

在移动的船上，石头是沿着曲线掉下来的。

胡说八道！

但在船上的人看来，石头就是垂直落下来的。

咄
咄
咄

怎么看也是垂直落下来的呀！

所以说，石头经过两个不同长度的时间是一致的。

那么说从甲到乙和从甲到丙花的时间一样？

所以我很惊讶呀！

伽利略的对话

石头肯定是从同样的
高度掉下来的。

但是石头从甲落
到乙的那么
短的时间里，

嘀嗒

在移动的船上，石头从甲移动
到了丙那么远的距离。

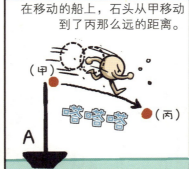

（甲）

嗒嗒嗒

A

（丙）

如果船运行的速度更快，石头就
会移动得更远了！

虽然花的
时间一样，
但是移动的
距离不同。

对学过现代
物理学的人来说，
这种现象是
理所当然的呀。

石头从甲落到乙是由于重力的
作用。

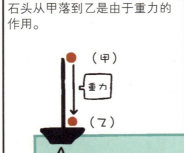

（甲）

重力

（乙）

A

但是当船移动时石头就会受到
从A到B方向的力。

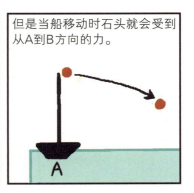

A

这时石头会由于重力的作用向下落，同时也会由于在移动的
船上受力向水平方向运动。

（甲）

（乙）

A

（丙）

B

让石头向水平方向运动的力是船
施加的，船的速度越快力越大。

加油，要快
点走喽。

靠着你，
我也快喽！

嗒嗒嗒

这样的话，如果船移动的速度快，
石头当然也跟着移动得远啦。

加油，要再
远一点儿！

靠着你
我也能走得
远喽！

喂，怎么才能把
你甩掉呀？

哈哈。

其实是你推
我的！

好，咱们
来听沙格列陀
怎么说！

我现在好像在仓库里发现了新的宝物一样兴奋！

那么，从高塔那么高的地方落下来的物体到底都经过怎样的移动路径呢？

萨尔维阿蒂，能再说具体一点好吗？

好，我把研究结果进一步说明一下。

想象一下，在高塔一侧扔出石头。

嗖

石头边往旁边飞边往下掉，

啪

这时石头划出了一条曲线（运动轨迹）。

因为物体向下落得越来越快，其曲线倾斜得也越来越厉害。

……

……

……

让我们画张图来说明一下。

啊

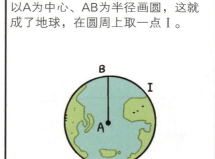

以A为中心、AB为半径画圆，这就成了地球，在圆周上取一点Ⅰ。

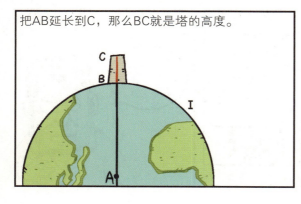

把AB延长到C，那么BC就是塔的高度。

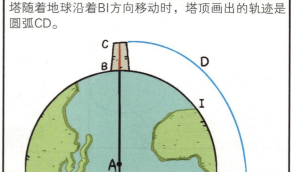

塔随着地球沿着BI方向移动时，塔顶画出的轨迹是圆弧CD。

CA的中点是E，以E为中心，再画一个以EC（或EA）为半径的半圆CIA。

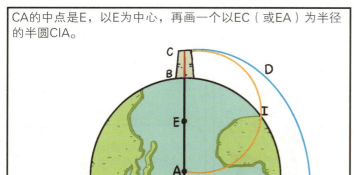

在塔顶C扔出的石头以怎样的轨迹移动呢？

向侧面运动的轨迹与向下运动的轨迹合二为一，就是石头实际的运动轨迹。

我认为CIA就是其运动轨迹。

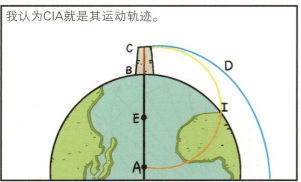

呃 呃

哎，能明白萨尔维阿蒂的说明吗？

在这儿得先搞清楚一点。

我正在说话呢……

嗨——先别说了！

啪

萨尔维阿蒂认为在塔顶扔的石头沿着路径CIA移动，这是……

嘎

这是错的！

那个时候我伽利略对物体坠落的原理不太了解。

我在"掉下物体的运动在地球中心结束"这件事上太固执了。

我固执地认为其运动轨迹的末点是地球的中心，就是A点。

嘿嘿

其实，没必要这样做。

按照现代物理学理论分析，掉下来的石头不是沿圆周轨迹下落，而是沿着抛物线轨迹掉下来的。

嘎嘎

但是有一点是正确的，那就是石头运动的轨迹肯定是由垂直方向和水平方向共同决定的。

垂直和水平。

刷

因为其原理本身有一定的错误，所以请有选择性地听一下吧。

好，继续听一下萨尔维阿蒂的说明。

把圆周CD 分成5等份，

啪

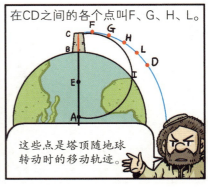

在CD之间的各个点叫F、G、H、L。

这些点是塔顶随地球转动时的移动轨迹。

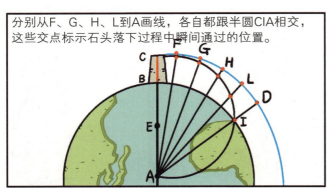

分别从F、G、H、L到A画线，各自都跟半圆CIA相交，这些交点标示石头落下过程中瞬间通过的位置。

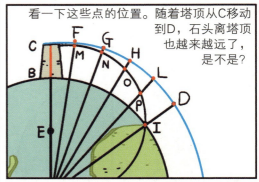

看一下这些点的位置。随着塔顶从C移动到D，石头离塔顶也越来越远了，是不是？

这就说明石头在从塔顶落下来的途中速度逐渐加快。

还有，这张图中石头是沿着CIA移动的。

嗯嗯！

最后就会到达地球的中心。

关于这件事，我总结三点。

第一！

石头停留在塔顶时是在做圆周运动，落下来的过程中也在做圆周运动。

是这样的吗？

嘿

不是那样画的！

是沿上面的CIA画圆！

第二，石头在塔顶停留和落下时的运动距离是相等的。

呵呵！

……

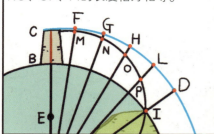

因为CF、FG、GH、HL、LD的长度与石头落下来的曲线CI上对应的CM、MN、NO、OP、PI的长度恰好相等。

第三，石头的运动过程中实际上一点也没有加速。

为什么？

那是……

因为石头经过CI时，同一时间走完与CD上的同段距离相等，所以一点也没加速。

哇哇，太了不起了！萨尔维阿蒂的想法完全正确！

但是我们应该知道萨尔维阿蒂的主张有些小错误，前面说过的，是吧？

如果忘掉了，就再回头看一下前面的内容！

不过，萨尔维阿蒂即便错了，我们也不应该埋怨他。

哇

反而可以作为一个机会，了解一下科学是怎样发展的！

唰

无论在什么事上都能找到学习点，这很重要！

科学家要解释一个现象，

当他发现当前的理论不合理，

啊，我知道什么地方是错的！

于是就会努力建立一个新的理论来说明它。

来看一下，建立新理论的话，这问题自然就解决了。

唉

不改行吗？

但是新理论并不都是完美的。

只是补充了原来的理论而已。

我伽利略就是在亚里士多德的理论基础上发现了许多不足之处。

这理论不完美……

所以我为了建立一个新的理论勤奋努力。

科学理论不会总是完美的。

加油

所有科学理论的寿命截至出现下一个更完美的理论为止。

但，有一点一定要注意。

那就是真正的科学家一定得保持客观性。

客观性是谁都应该承认的事实！

当现有理论和自己的理论对立的时候，

嘿

现有理论

我的理论

不应该执着于自己的固有观念。

丫丫

固有观念

我和逍遥学派学者的差别就在这里。

我们逍遥学派就不客观吗？

唉

固有观念

我在说明自己的理论时，也借萨尔维阿蒂的嘴巴表达了这个态度。

哼

我不会跟你们一样，认为自己的理论是无条件正确！

真是太惊讶了！萨尔维阿蒂的想法太正确了！

呼

我现在也不是板上钉钉地说，物体一定会经过这个轨迹落下来。

咣

理论

坠落物体的运动轨迹也可能不是这样的。

但是我确信其轨迹会跟这个轨迹很相似。

飞行物体的运动

到现在为止，我们经过讨论得出结论，认为很难把物体垂直落下作为地球静止不动的证据。

针对这点，我们逍遥学派有一些困惑。

不管怎样，我们不能接受地球自转。

地球是静止的证据还多得很呢！

比如说，如果地球自转而向地球运动的反方向打炮，

那炮弹会是怎样运动呢？

大炮打向东边和打向西边时，炮弹飞行的距离应该是不一样的。

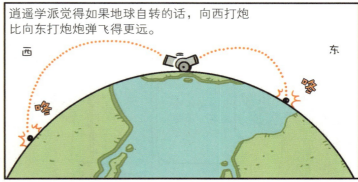
逍遥学派觉得如果地球自转的话，向西打炮比向东打炮炮弹飞得更远。

西

东

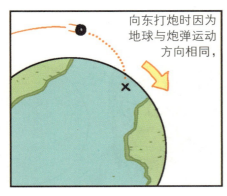
向东打炮时因为地球与炮弹运动方向相同，

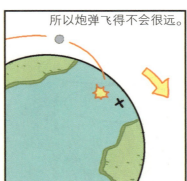
所以炮弹飞得不会很远。

觉得有点难理解？不如用马车做个实验模拟一下怎么样？

在向前飞驰的马车上向仰角45度角方向发射弩弓。一次射往马车跑的方向，

再一次射向其反方向，这样就会知道两者的差异。

我来预测一下结果！

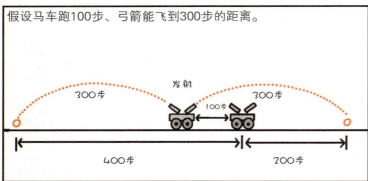

假设马车跑100步、弓箭能飞到300步的距离。

300步　发射　300步

100步

400步　200步

朝马车跑的方向射箭时，算下来结果箭只飞了200步。

跟马车反方向飞的箭，

加上马车跑的距离，算是飞了400步。

来，大家知不知道在辛普里邱的计算中有什么错误？

什么？已经知道了？好！那么想一下怎么辩论才能让辛普里邱那样的人认识到自己的错误呢。

嗯

可能不那么容易的。

请大家听我说一下！

让别人明白一件事比让自己明白更难。

知道是为什么吧？

啊哈，知道了知道了！

那么现在开始听听萨尔维阿蒂怎么让辛普里邱认识到自己的错误。

我们最好先听听他们俩的谈话。

好啊。首先看一下辛普里邱的说明。

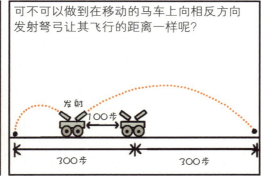

可不可以做到在移动的马车上向相反方向发射弩弓让其飞行的距离一样呢？

发射
100步
300步　300步

除非让马车停止，想不出更好的方法。

不是，我说的是马车在奔跑的时候。

嗯，向马车前进的方向射得更强一点儿！

向前进的反方向射得稍微弱一点，不就可以了吗？

那样就可以了吗？那么发射弩弓要多强或多弱呢？

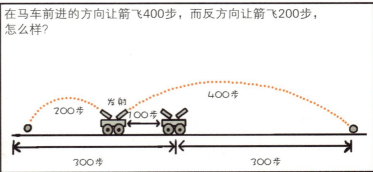

在马车前进的方向让箭飞400步，而反方向让箭飞200步，怎么样？

200步
发射
100步
400步
300步　300步

那样做的话，马车走了100步，

射向两边的箭都飞300步呀。

知道弩弓发射力量的强弱会带给箭什么作用吗？

强弓能使箭的速度快，弱弓会使箭的速度慢。

箭的速度越快，它飞得就越远。

假定向马车前进方向射箭的速度为4级，

向其反方向射箭的速度就是2级。

如果使弩弓按同样强度射向两边的话，箭的速度都是3级。

都用3级速度射箭，两边飞一样的距离怎样都不可能吧？

说对了，马车前进时，用同样强度射出的箭飞的距离会不一样！

这辆马车的速度假定为多少呢？

如果箭的速度是3级，那么马车的速度应该差不多是1级。

对，把马车速度设为1级应该差不多。

但是马车向前行驶，马车里所有的物体应该也是按一样的速度向前移动的。

当然啊。

弩弓、弦和箭也是以跟马车一样的速度向前移动，对吧？

$= 1$ $= 1$ $= 1$

$= 1$

是……是这样的。

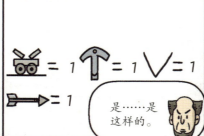

好，有结论了。

啊？

萨尔维阿蒂说，好好听着，向马车前进方向射箭时，

箭已经在按1级速度向前移动了。

这时如果使弓给箭施加3级速度，

箭就按4级的速度向前飞去。

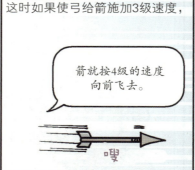

向马车反方向射箭时，同样弓给箭施加3级的速度，

向前后方向用一样的强度发射时。

但是由于箭同时随马车一起按1级的速度向反方向移动，

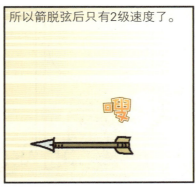

所以箭脱弦后只有2级速度了。

因此，箭会向马车前进的方向飞400步，向反方向飞200步。

结果就是箭相对于马车飞行的距离是一样的。这个问题辛普里邱在前面已经说过。

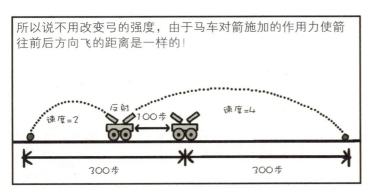

所以说不用改变弓的强度，由于马车对箭施加的作用力使箭往前后方向飞的距离是一样的！

速度=2　反射　←100步→　速度=4

300步　　　300步

跟马车的道理一样，

噢耶！

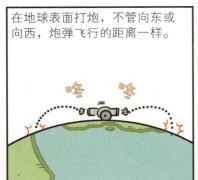

在地球表面打炮，不管向东或向西，炮弹飞行的距离一样。

在讨论的过程中，看起来辛普里邱似乎也明白了正确的结果。

包括亚里士多德、辛普里邱以及所有这样那样的人，犯了这种荒唐的错误是因为

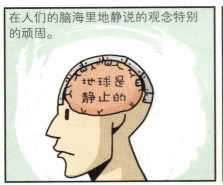

在人们的脑海里地静说的观念特别的顽固。

地球是静止的

当固有观念占据了绝大多数人的思想，事实真相就很难被认识到了。

地球是静止的

沙格列陀也明白了从高塔坠落物体的运动轨迹，以及炮弹飞行的运动轨迹。

我现在可以仔细地分析任何运动喽！

嗯，那么我在前面分析的基础上

说明一下大炮垂直朝天发射时，地球如果自转，炮弹会掉到什么位置。

喀，我来说明一下炮弹的运动轨迹。

首先炮弹经过炮筒时，运动轨迹不是垂直线

而是斜线！

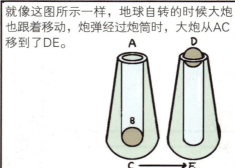

就像这图所示一样，地球自转的时候大炮也跟着移动，炮弹经过炮筒时，大炮从AC移到了DE。

所以从B处发出的炮弹在D处到达炮口。

因此炮弹在炮筒内的运动路线应该是BD。

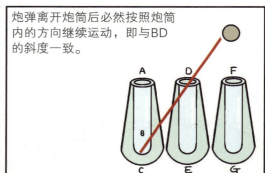

炮弹离开炮筒后必然按照炮筒内的方向继续运动，即与BD的斜度一致。

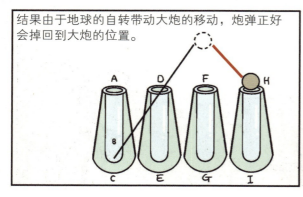

结果由于地球的自转带动大炮的移动，炮弹正好会掉回到大炮的位置。

对吧，萨尔维阿蒂？

是。

呃，激动了！但是有点儿不对劲儿呀。

那么，飞来飞去的鸟儿们呢？

鸟儿在空中飞来飞去，

怎么会不失去与地球固有的共同运动呢？

什么意思？

石头和炮弹因各自受到外力的作用，暂时留在空中一段时间就落下来。但是鸟儿因为是活的，所以可以长时间在空中停留。

嘿

嘣

鸟儿在飞的过程中，如果一旦脱离地球自转运动，

呀呵

那么能不能以非常快的速度弥补地球旋转的距离，回到在之前停留的树上呢？

呼　呼

对，就是不明白那个！

卟噔

这个问题其实很简单！

啊？

那是因为地球周围的空气也跟着地球一起旋转。

为什么这么说？

看看云彩就知道了。

云彩不受什么力，一直在天上飘着，

跟地球一起自转。

鸟儿也靠着空气跟地球的运动保持一致，

可以追上不停自转的地球。

我有不明白的地方。萨尔维阿蒂！

因为云彩特别轻，所以云彩比较容易跟着空气转动。

好像羽毛一样啊。

但是鸟是有重量的固体，不容易跟着空气飞，

就像平时常见的羽毛一样轻的物体会被风吹走，但是重的物体并不会那样。

怎么样，听到沙格列陀的提问，了解当时的情况了吧？

可能大部分人都会那么想，日常生活经验会给人们带来如此巨大的影响。

但是再科学地思考一下。

肯定有什么地方想错了吧！

沙格列陀！想想鸟儿是活着的。

假定在高塔顶上同时向下扔掉活鸟和死鸟。

伽利略的对话

死鸟会同时有因地球自转产生的运动和因自身重量而下落的运动。

这是第二次谋杀我！

活鸟既有随地球自转的运动，也会用自己的力量飞翔，

凭借自己的翅膀可以飞到任何地方。

这第二种运动是属于鸟儿自己的，

啊啊！

味溜

摇动

无生命的东西没有这种能力。

虽然鸟会飞行，但是别的东西都会掉到地上。

如果鸟儿往西飞走，那么它也会用同样方法靠着翅膀飞行。

我拉你上来吧？

啊！

鸟是活的，除了像云彩或石头一样跟着空气运动，还具备自己运动的能力。

如果鸟自己没有运动能力，怎么可能飞来飞去呢？

啊！

嗖嗖

砰

假如把地球自转的速度设定为10，那么鸟的自身飞行速度则设定为1。

把鸟的飞行速度作为1的话，

鸟从塔向西边飞时,则以10减1的速度飞走。

我以9的速度飞走。

鸟回落到树上则又达到了地球自转速度10。

然后打算往东边飞。

鸟儿向东边飞走时,以地球自转速度10加上自身飞行速度1共11的速度飞,所以鸟可以回到出发地。

飞回去。

对了,我举个简单的例子吧。

在一条大船甲板下面的船舱里,有苍蝇、蝴蝶等几种昆虫,

鱼缸里有几条鱼,

船舱里还挂着一个装满水的瓶子,

在盖子上打个小孔让水滴落。

滴答

下面放一只碗用来接水。

滴答

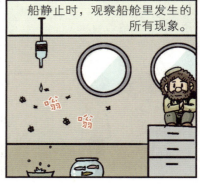

船静止时,观察船舱里发生的所有现象。

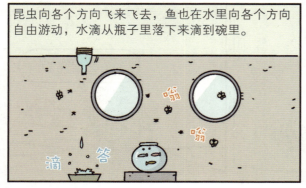

昆虫向各个方向飞来飞去,鱼也在水里向各个方向自由游动,水滴从瓶子里落下来滴到碗里。

滴答

此时在船舱里双脚并拢蹦向任何方向,距离都是相同的。

跳到哪儿距离都一样!

嘣

接下来，当船匀速平稳地向前行驶时，

咱们再观察一下船舱里发生的事情。

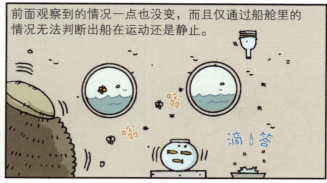

前面观察到的情况一点也没变，而且仅通过船舱里的情况无法判断出船在运动还是静止。

滴 答

啊……为什么我航海时没想到要做这种实验呢？

包括沙格列陀在内的大多数人在坐船时可能都没想过这些。

为什么？

因为大多数人没那么敏感，

实际上船的晃动很厉害。

晃动　晃动

但是像我们这些科学家在同样情况下，观察到的跟一般人不一样，

可以看到一般人注意不到的东西。

还有头脑里更富于科学的想象力。

所以在晃动的船里，也可以假设船不晃动而进行科学实验。

嗯

但是我还有一个地球是静止的明确证据。

啊，你说的是那个。

什么？

那个问题就是……

快速自转的物体具有把附着的东西往外抛出去的力量。

如果地球一天自转一周，其速度应该很快，

以时速1609千米在自转！

真是那样的话，石头或动物等等，都会被抛到天上去吧。

托勒密等好多学者都认为，那样的话再结实的建筑物也会被破坏。

逍遥学派认为那就是地球是静止的明确证据。

由于物体旋转而形成向外的作用力叫什么？

离心现象！

离心现象在日常生活中是很常见的。

试着在下雨天展开雨伞转动一下。

雨伞上的雨水会向切线方向飞出去。

切点

旋转面的切线方向

圆心

物体的旋转方向

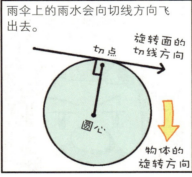

那是因为雨伞旋转产生了抛射力，从而使雨水往外飞散。

地球的自转速度比雨伞的转速快得多。

其实托勒密的观点存在相当大的漏洞。

事实上，抛射力的大小并不一定与速度成正比。

啊？

用画图来说明吧。

想象一下大小不同的两个轮子以A为中心旋转。

在小轮子和大轮子上做个简单标记。

BG在小轮子的圆周上，CE在大轮子的圆周上。

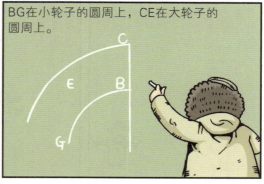

在两个轮子的圆周弧线上取长度相等的BG和CE。

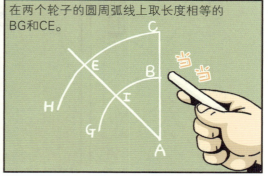

物体沿着大轮子的周长从C点往E点移动时，另一物体沿着小轮子周长从B点往G点移动。

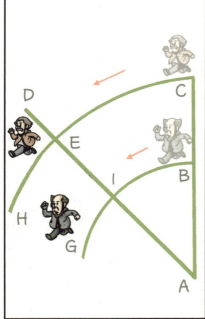

以上两个物体的速度一样。

因为花同样的时间移动同样的距离呀！

这时按照托勒密的观点，

两个轮子产生的抛射力是一样的。

但是萨尔维阿蒂认为在旋转速度一样的情况下会怎样呢？

小轮子会把物体更有力地抛出去。

嗯？真的？

来，那再画张图说明一下吧。

想象一下辛普里邱和沙格列陀分别站在这两个轮子的B点和C点上。

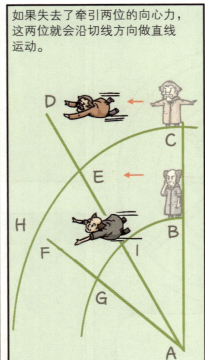

如果失去了牵引两位的向心力，这两位就会沿切线方向做直线运动。

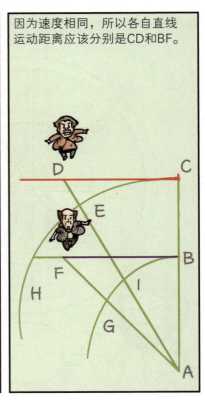

因为速度相同，所以各自直线运动距离应该分别是CD和BF。

由于重力的作用，辛普里邱要克服将其吸在小轮子上的重力，就需要FG的力。

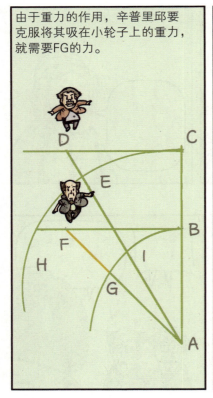

而在大轮子上则需要DE的力。好好看一下图，

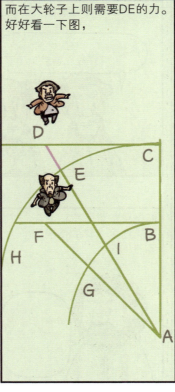

DE比FG短吧。轮子越大这个距离就会越短。

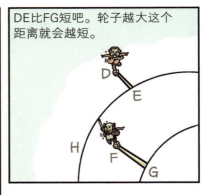

也就是说，轮子越大将东西吸在轮子上所需的力就越小。

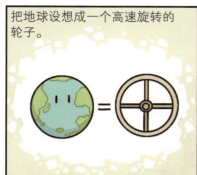

把地球设想成一个高速旋转的轮子。

把物体吸在地球上的力是物体的重量。

就是重力！

前面说地球的自转速度大，是因为地球半径大的缘故。

由于地球的自转产生离心现象，

刚才说了，轮子越大所需的吸引力越小。

克服向外的抛射力，把物体吸在地球上，也就没必要费那么大的力啦。

放下！不累吗？

嗯，不累。

呼——好不容易结束了第二天的谈话。

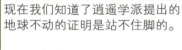

现在我们知道了逍遥学派提出的地球不动的证明是站不住脚的。

这也不能证明地球在自转呀？

但是已经证明了哥白尼和伽利略的理论优于长时间支配人们思想的亚里士多德和托勒密的理论呀。

合理且系统的事实

朴通

嗒嗒嗒

事实理论

那么是不是日心说比地心说更接近事实呀？！

第三天的谈话

主人公的谈话要进入高潮喽。

现在我们要开始讨论这本书的核心问题——公转。

第三天的内容最重要!

谈到地球公转就要说明是以什么为中心旋转的。

哥白尼和我伽利略得出一个结论:公转的中心就是太阳。

好,现在进入第三天的谈话!

萨尔维阿蒂为了证明地球公转开始陈述了。

先得说明一下周年运动。

周年！不是"奏演"！

周年运动是指在一年的周期内出现多种天体位置的变化和季节的更替。

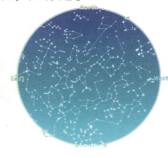

包括亚里士多德和托勒密在内的大部分人，

用太阳的运动为许多现象做了解释！

认为出现天体位置变化和季节变化是因为太阳在一年的时间内绕着地球转了一圈。

啊呀，好热啊！

很凉快啊！

挺暖和呀！

啊呀，真冷！

第一个提出因为地球公转而出现周年运动的人是萨摩斯岛的天文学家阿里斯塔克。

啊，我现在刚刚抵达首位主张地球公转的阿里斯塔克先生居住的萨摩斯岛。哦，站在那里的好像就是阿里斯塔克先生。

您是阿里斯塔克先生对吗？请问为何主张地球在公转呢？

重要的不是主张观点的动机。

嗯？

古希腊天文学家阿里斯塔克的观点被地心说遮挡住而不见天日。

伽利略你现在开始沿着这条路继续前进吧。

！

以上是现场记者伽利略发回的报道。

好，查明了周年运动是谁最先提出的。

如果假设地球围绕太阳公转会有什么问题吗？

哼，我来说。

唰

如果真是地球绕着太阳转，那么地球就不能处于黄道的中心。

因为不可能中心绕着周围转。

所以我辛普里邱认为，地球绕太阳转的假设是错的。

地球怎么可能绕太阳转！

而亚里士多德、托勒密和大部分人都认为：

地球是黄道的中心！

等一下，大家知道黄道是什么吗？

是黄道啦，不是黄桃啦，嘿嘿。

古人把天空想象成一个大球，即所谓天球，而认为地球位于天球中央。黄道是从地球的角度看太阳一年间运行的轨迹。

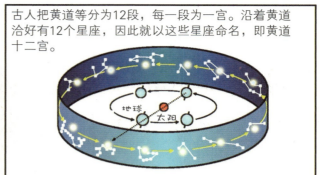

古人把黄道等分为12段，每一段为一宫。沿着黄道洽好有12个星座，因此就以这些星座命名，即黄道十二宫。

黄道的概念即便在现代天文学中也发挥着作用。

但只是限于分析太阳表面运动现象的范围。

亚里士多德认为地球处于黄道的中心，

太阳每年沿着黄道绕地球转一周。

哇！

哇！

所以亚里士多德的信徒辛普里邱当然也超越不了他的想法。

哦，果然亚里士多德是最棒的。

在这里需要先说明几个问题。

那就是当时还不知道太阳是跟其他星一样的天体。

而且，也还不知道银河是由星星聚在一起形成的。

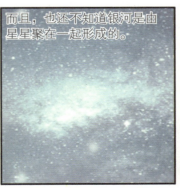

在这样的基础上，大家讨论宇宙的中心是地球还是太阳。

VS

我们还得知道，那时候还没能发现土星轨道之外的行星。

那个时候还没观测到我们呀！

我在2006年从行星的行列中被除名了。

萨尔维阿蒂为了证明地球的公转，接下来提出了第一个证据。

地球和所有行星之间的距离时远时近就是地球公转的证据。

那个怎么可以当成地球和所有行星绕太阳旋转的证据呢？

哼！

首先要知道，所有行星都是围绕太阳旋转的，看金星和水星的移动轨迹就会明确知道。

金星和水星不管什么时候都不会离开太阳很远。

首先看金星形状的变化，就会明确地了解这一情况。

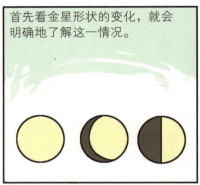

如果金星和水星环绕地球运动的话，

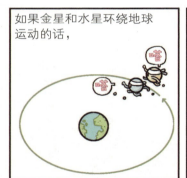

它们就会离开太阳周围，并移动到正好被地球隔开的位置啊？

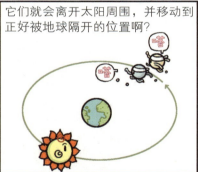

那样金星的形状就会像月亮一样变化。

所以金星形状的变化就是它围绕太阳旋转的最好证据。

知不知道萨尔维阿蒂为什么不提水星形状的变化？

水星也绕太阳旋转，应该也会跟金星一样变化呢。

我也要变形。

那是因为水星离太阳太近了，不容易观测到。

哎呀！太阳太亮了，看不见水星……

但是我觉得水星的样子也应该会变化的。

……

行星会移动啊!

地球不是中心,太阳才是中心?是不是真的?

好了,好了……安静一下!

……

还有很多不明确的地方。为了让大家容易理解,请画张图说明一下!

没问题!

来,现在开始听听萨尔维阿蒂的说明。

萨尔维阿蒂会给辛普里邱提出几个问题。

当辛普里邱全部回答后,就会完成对太阳系肖像的绘制。

怎么样,让不相信自己理论的人完成与该理论有关的绘图,萨尔维阿蒂的想法很帅吧!

咔啦咔啦

也请大家跟着萨尔维阿蒂一起完成这张图吧。

准备好了吗?go,go,go!

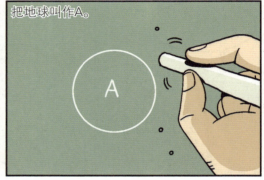

伽利略的对话

因为金星与太阳的左边或右边一直保持不到40度的角度，所以不可能画在太阳的对面。

根据观测，傍晚接近太阳时金星显得大，

凌晨远离太阳时显得小。

金星显得最大时，看起来像个新月，

显得最小时是圆形。

根据这些观察，

嗯……

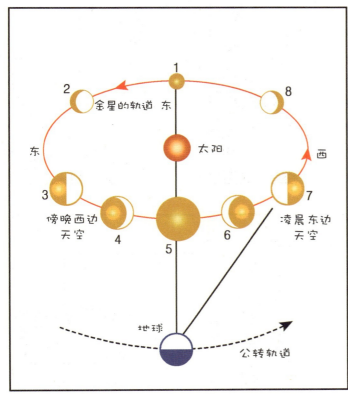

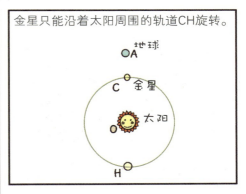

金星只能沿着太阳周围的轨道CH旋转。

嗯，好了。金星已经画完了，现在开始画水星吧。

大家都知道水星也不会离开太阳周围。

……

而且，其活动范围比金星更窄。

水星比金星沿更小的圈围着太阳转。

金星

水星看上去比金星和别的行星更亮，是因为水星离太阳最近。

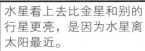

实际上是金星比水星更亮。

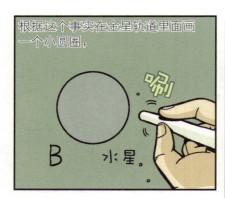

根据这个事实在金星轨道里面画一个小圆圈，

唰

B 水星

这个圆是水星轨道BG。

C 金星
B 水星
太阳
G
H

下面应该把火星放在哪儿好呢？

火星也会出现在太阳对面，所以火星轨道应该包着地球。

把火星的轨道画在这里，可以顺利地解释火星大小变化的现象。

D 火星
地球
C 金星
B 水星
太阳
G
H
I

把火星轨道标示为DI。

火星在太阳对侧D的位置时显得最大，

因为此时离地球近。

和太阳同方向时显得最小。

因为此时离地球最远。

木星和土星的观测结果也跟火星差不多，应该都是沿着太阳周围转。

把木星轨道标示EL，把土星的轨道标示FM。

沙沙

看这张图应该明白，外面的三个行星和地球之间的距离随着行星的位置变化会产生很大差距。

到现在都非常棒。

呵呵呵！

行星是在太阳相对侧还是同一侧会有很大的变化。

那么行星在太阳相对侧时和同一侧时的距离差距有多少呢？

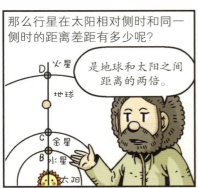

是地球和太阳之间距离的两倍。

火星和地球的距离随着火星的位置移动变化很大，

嗯……现在火星显得很大，那么它是在地球的后面了！

因此火星的大小看起来变化很大。

嗯……火星显得很小，它应该在太阳后面！

但是木星和土星与地球的距离随其位置的变化差距相对较小。

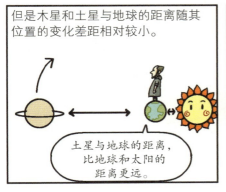

土星与地球的距离，比地球和太阳的距离更远。

所以木星和土星的大小变化，和火星比起来要小得多。

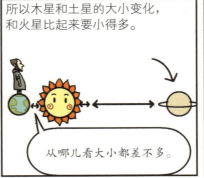

从哪儿看大小都差不多。

这些事实跟实际的观测结果是一致的。

现在想一想应该把月亮画在哪儿。

月亮既会出现在太阳的同方向，也会出现在其对侧。

月亮

月亮的轨道应该围绕着地球。

如果月亮轨道也围绕着太阳的话，月亮的形状就不会变化。

也不会出现日食。

所以月亮应该沿着地球周围的轨道NP转。

N

A

P

好，那么恒星该画在哪儿呢？

是撒落在无边无际的太空中吗？

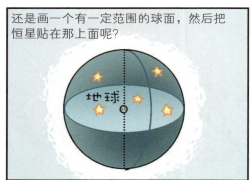

还是画一个有一定范围的球面，然后把恒星贴在那上面呢？

地球

我要选择折中的方法。

在离中心一定距离的地方画两个球面，然后把恒星放在其中。

那个就叫宇宙天球，好吧。

我们前面画的行星体系也在这个天球里面吧。

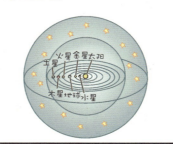

辛普里邱，你看，我们现在所做的跟哥白尼设想的天体位置一样呀。

除了太阳、地球和宇宙天球以外，其他所有行星的运动轨迹说的都不错呀。

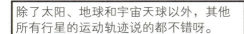

水星　金星　火星　木星　土星

呵呵，我是个天才。

现在开始设想一下太阳、地球和恒星的运动。

地球位置在金星和火星之间。

表扬这么快就结束了？

金星是9个月绕太阳旋转一周，火星是2年绕太阳旋转一周。

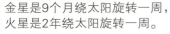

金星

火星

那么是不是地球以一年为周期、围绕太阳旋转一周，比地球不动的想法更合理呢？

地球

C 金星

B 水星

太阳

只要设想太阳不动就可以了。

如果地球不自转而光是公转的话，那么一年就会有6个月是白天，

我应该睡觉了。

剩下的6个月在夜里。

但实际上不那样啊。

这就是说，地球一边公转一边自转。

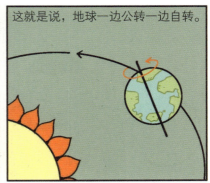

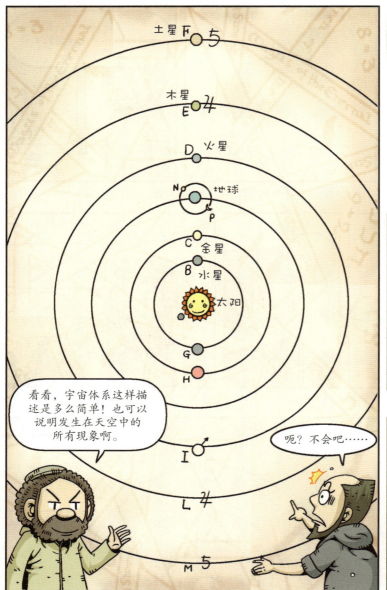

终于结束了画出新的宇宙体系的漫长对话。

呼~

真够帅的，而且其结果是多么让人激动啊！

看看，宇宙体系这样描述是多么简单！也可以说明发生在天空中的所有现象啊。

呃？不会吧……

让反对自己意见的人，

跟着自己的思路，建立符合自己理论体系的架构。

沙格列陀被这完美的结果折服了。

真了不起，太棒了！

哦？

有一个奇怪的地方！

？

这么简单又合理的理论，

为什么很少有人相信并追随呢？

跟亚里士多德或托勒密的众多追随者不一样，为什么阿里斯塔克或哥白尼的追随者几乎没有呢？

排队排队！

我们这边怎么会这么冷清啊……

好多人对如此新颖的理论不仅不认同，而且极度反感。因此哥白尼一派吃了不少苦头。

沙沙

沙格列陀，你对这个结果很吃惊吗？

啪

而我更惊讶的是，现在竟然有人依然坚定地相信这理论，

唉

他们超越经验，而是通过思考给出理性且符合事实的结论。

我们绝对不会被表面现象所迷惑！

他们忍受周遭的迫害，把理性作为终身的伴侣。这样的人也大有人在。

那样的人前仆后继地为真理奋斗，更是让我惊讶。

嗯嗯嗯嗯

萨尔维阿蒂，有没有关于地球公转更确定的证据呢？

当然，我已经准备好了能证明地球公转的决定性证据。

当然啊！

唰

倒着运动的行星

倒着运动的行星

我在前面已经描述过哥白尼的宇宙体系。

这个宇宙体系对行星的许多复杂现象做出了很好的说明。

但是也存在不足的地方。

所以说就应该主张地心说……

其中最难解释的就是火星和金星的大小变化。

看一下从地球到火星之间的距离。

沙沙

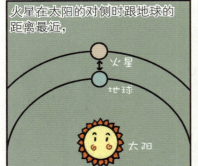

火星在太阳的对侧时跟地球的距离最近，

火星

地球

太阳

火星和太阳在同一侧时，距离地球最远。

太阳

物体的视觉大小跟其距离远近有直接的关系。

所以火星的大小也随着与地球距离的差异发生变化。

是，随着距离的不同足有60倍的变化！

但是实际观测时其差异只有4到5倍！

到底是怎么回事？

这里所说的60倍差异，不是指圆的直径而是面积的大小。

嘭

看看前面的太阳系图，地球和火星的距离有近8倍的变化。

距离越远，直径越小是理所当然的。

那么直径差不多有8倍的差异，面积差异则是60倍左右。

圆的面积随着直径的变大会加倍的，同意这个观点吧。

好好想一下这个情况，然后再听我解释。

嗯

金星则涉及另外两个更大的疑点。

第一！

金星也跟火星一样，有大小的变化，但是按照哥白尼宇宙体系来分析，情况会怎么样呢？

其差异应该有40倍才对。

但是实际观测没有什么太大的差异。

没什么差异呀！

第二点就是没能解释金星的形状变化。

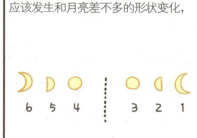

按理说，金星围绕着太阳公转也应该发生和月亮差不多的形状变化，

6 5 4 ┊ 3 2 1

那么也应该看到像镰刀那样又弯又细的金星呀。

但看上去金星总是多么圆呀！

还没解决这些难点呢！

所以，哥白尼宇宙体系也不是那么对。

对此哥白尼说了下面这样的观点。

要么金星自己会发光，要么由特殊的物质构成，所以阳光会透过来。

第5章　第三天的谈话　141

但是怎么解释金星或火星的大小变化呢?

呃!

那……那个跟我的理论不符合,所以要说明白还真有些为难。

哥白尼的理论还有一个疑点。

就是月亮。

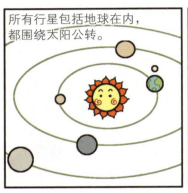

所有行星包括地球在内,都围绕太阳公转。

但是月亮违反规律而绕地球旋转。

我很特别哟!

……

当然会有例外。但是这种例外不能破坏天体的运行规律。

而且这会让人怀疑和否定哥白尼的理论。

哥白尼过去也一直回避着这三个疑点!

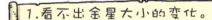

1.看不出金星大小的变化。

2.看不出金星形状的变化。

3.只有月亮围绕地球转。

当然不能因为这些就全盘否定哥白尼的宇宙体系。

但是如果这些疑点都解决了,那么哥白尼的理论该多么完美啊!

伽利略对日心说的贡献就是这些,

不好意思。

解决了让阿里斯塔克和哥白尼困惑很久的这些难点。

嘻嘻。

让哥白尼的宇宙体系更完备的人就是我伽利略。

让我来解释这三个疑点!

啊呀,哥白尼不知道的事,您是怎么知道的?

嘿

通过望远镜!

这望远镜让我找到了答案!

唰

用望远镜怎么能解决这些问题呢?

现在开始给大家说明。

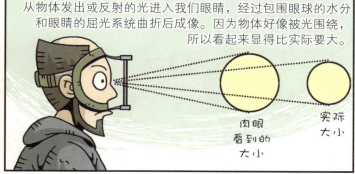

从物体发出或反射的光进入我们眼睛,经过包围眼球的水分和眼睛的屈光系统曲折后成像。因为物体好像被光围绕,所以看起来显得比实际要大。

肉眼看到的大小

实际大小

物体越小,被光放大的效果就越明显。

看看黑暗夜空中的木星。

啊,真大!

因为木星特别亮,所以木星显得很大。

这次在卡片上用针穿一个孔。

扑哧

通过这个孔看一下木星。

在这里……

哦。

可以看到因为挡住了额外光线,木星会显得很小。

不到直接用肉眼看的六十分之一。

大犬座的一等星天狼星也一样。

右边是木星，左边是天狼星！

天狼星是夜空中最亮的星星，肉眼看的话，其大小跟木星差不多。

在那里……

嘤

但是通过小孔观察，那些额外光线挡住后，

则为木星的二十分之一。

因为太阳和月亮比其他星星大得多，挡住它们的额外光线观察也没有什么变化。

所以太阳和月亮看上去是显得很完美的圆形。

噢。

明白什么意思了吗？

我们看到的星星大小不是实际大小，而是被光线曲折后的大小。

显得大的星星实际并不是那么大，而是因为特别亮。

那么去掉这些光线的方法是什么呢？

萨尔维阿蒂说了用小孔可以挡住发散的光线。

用望远镜观察。

嘤

排除光线的影响就可以知道其实际大小。

眼睛再不会因为光线造成错觉喽！

用望远镜观察行星，发现它们跟太阳或月亮一样，是完整的圆形。

比如看看金星和木星。

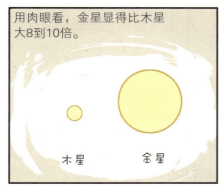

用肉眼看，金星显得比木星大8到10倍。

木星　　　　金星

但是用望远镜看可以知道，木星实际上比金星大4倍或稍多。

木星　　　　金星

根据萨尔维阿蒂用望远镜观测的结果，我们明确地知道了所有的行星包括金星、火星的大小变化与距离远近有关。

其大小变化的比率可以完美地支持哥白尼的宇宙体系！

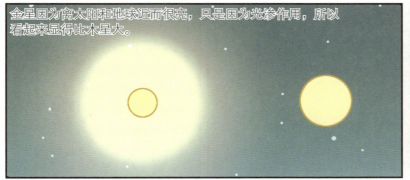

金星因为离太阳和地球近而很亮，只是因为光渗作用，所以看起来显得比木星大。

那么用望远镜也可以看到金星的形状变化吗？

当然！

在围绕太阳公转的过程中，金星形状从圆形变成弯弯的镰刀，然后再变成半圆形。

跟月亮非常相似。

通过望远镜，多余的光线被去掉，我们就可以看到像新月一样弯弯的金星了。

但是因为金星反射光线的缘故，金星呈现新月形状时在我们肉眼看来也都显得圆圆的。

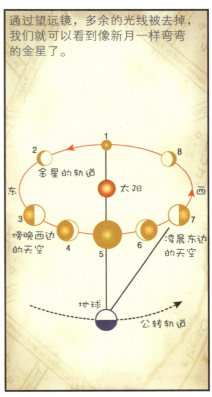

金星的轨道
太阳
东　　　　西
傍晚西边的天空
凌晨东边的天空
地球
公转轨道

那么可以看到水星模样的变化吗？

不行。

我也不能观测水星的模样变化。

扑通

水星很小而且很亮，

即使用望远镜也不能屏蔽光线。

但是现在已经知道原因，所以没什么问题了。

只不过是观测技术的问题。

在不久的将来，应该可以解决这个问题吧？

观测技术更发达的话就可以了。

好，在望远镜的帮助下解决了三个疑点中的两个。

解决剩下的疑点关键也在望远镜上。

如果地球跟别的行星一样围绕太阳转的话，那么地球也跟别的行星没什么差别，是吧？

地球好像不能算是特别的天体喽。

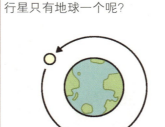

那么为什么太空中带着月亮的行星只有地球一个呢？

如果地球是特殊天体的话，也可能会作为宇宙的中心吧。

也没有不许我当宇宙中心的规定吧？

就是！

这是最让哥白尼头痛的地方。

真是让我头痛啊！

我们是很特殊的。

根据望远镜的观测结果，别的行星也不是没有"月亮"的存在。

这时木星旁也发现了"月亮"。

哦

哦

发现木星"月亮"的就是我伽利略！

像月亮一样围绕行星旋转的天体叫卫星。

现代人都知道太阳系的行星除了水星和金星以外，别的行星都带着卫星。

但是以前的人们觉得只有地球带着卫星。

理由只有一个！

卫星都太小了，肉眼是看不到的。

离开几千米就看不清，更何况是那么远的星星呢？

1610年，我用自己制作的望远镜观测到了木星，

天哪！怎么会是这样啊！

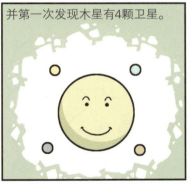

并第一次发现木星有4颗卫星。

即木卫一（Io）、木卫二（Europa）、木卫三（Ganymede）、木卫四（Callisto）这4颗卫星，

地球上的人是这样称呼我们的！

Io　Europa　Ganymede　Callisto

也叫"伽利略卫星"。

现在已经证实了，地球不是特殊的天体。

Io　Europa　Ganymede　Callisto

怎么样啊？

太棒了！

萨尔维阿蒂自己指出了给哥白尼的理论带来困扰的三个疑点，

然后又阐明了这些疑点，维护了哥白尼宇宙体系理论的尊严。

通过这些事实，可以认为所有行星公转的中心是太阳。

宇宙的中心不是地球，而是太阳的可能性更大，这就是我的观点。

认真地听取了萨尔维阿蒂的说明……

呵呵

又怎么了？

全都是！

反而觉得更奇怪了，

因为内容说明得太容易了，所以托勒密和他的追随者们不可能不知道。

而且用托勒密的理论也可以说明这些现象。

所有支持托勒密观点的人是先研究好哥白尼的理论以后，

才提出了完全没有瑕疵的理论。

如果不那样的话，怎么会在那么长的时间里有那么多人相信呢？

科学家是什么样的人？

嗯？

科学家总是先确认过去的理论是否正确，

如果在这些理论上找到瑕疵的话，就尝试找出新的理论。

为什么总是自问自答？

在追求真理的过程中逐渐发现自然本质的人就是科学家。

作为一名真正的科学家，不会勉强让自己的研究结果屈服于以前的理论。

嗯，应该这样。

那么逍遥学派是怎么样的人？

把所有现象套用亚里士多德或托勒密的理论勉强进行解释，对吧？

从这个角度看来，哥白尼才是真正的科学家。

哥白尼……

呃！

他是在托勒密理论的基础上，观测了行星的一个又一个运动变化，

然后把这些运动现象概括起来，构建成一个宇宙体系。

把托勒密的理论总结一下吧！

嘣

托勒密

但是这样综合起来的宇宙体系好像怪物一样，自相矛盾。

吼吼

托勒密

托勒密

怪物呀！

嗒嗒嗒嗒嗒

自然不可能创造出像团乱麻一样的宇宙体系。

太不像话了！

咚咚

真正的科学家当然更不能接受这样的宇宙体系。

肯定不是这样的！绝对不会这样！

许多人相信托勒密的宇宙体系，但是哥白尼不会接受。

前人们有没有别的观点说明宇宙体系呢，找一找吧！

结果在毕达哥拉斯学派的著作中，

哇，终于找到了！

他了解到地球有周日运动和周年运动的假设。

原来也可以这样解释。

哥白尼在这两个假设的基础上，研究了行星的运动和特点。

这样就可以理解宇宙的结构和所有行星的运动。

而且可以简单地说明随之衍生的现象！

所以他接受了新的宇宙体系。

那么萨尔维阿蒂，在托勒密理论看起来会很奇怪，但是在哥白尼理论看起来很自然的现象是什么？

举个例子，"周转圆"。

先给大家解释一下周转圆是什么吧？也许有人不明白呀。

好的。有请辛普里邱。

唰

那么，作为托勒密理论的追随者，我来说明一下周转圆！

行星沿着轨道运行，但偶尔出现特殊的情况。

嗯？

有时行星几乎不动，

木星停止了！

有时又会向反方向移动。

哦？反着转了呢！

行星按正常方向运动叫"顺行"，

顺行！

按反方向运动叫"逆行"，

逆行！

看起来几乎不动叫"停"。

……

停！

用地心说不能说明这些现象。所以托勒密认为：

行星们边绕着小小的轨道转圈，边围绕地球转。

这个小圆圈就叫作周转圆。

呃，谢谢您的说明。

我还没说完呢！

是吗……

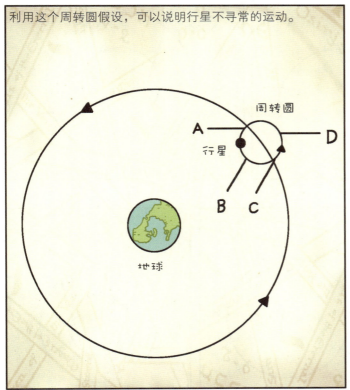

利用这个周转圆假设，可以说明行星不寻常的运动。

周转圆

A ● D

行星

B C

地球

在这个周转圆上，行星转到A和C的位置时会怎么样？

行星显得几乎不动呀。

那么，在D位置时是顺行的状态，

在B的位置时就会呈现逆行的状态了。

你说什么？

但是，好好想一下。

你能证明这些行星实际上是那样运动的吗？

什么样的行星能以什么都没有的虚空为中心旋转呢？

呃！那……那个是……

那么在哥白尼的宇宙体系中，这个现象又怎么解释？

会有点儿复杂，请大家看着下面的图听我说明。

假设太阳处于中心O。

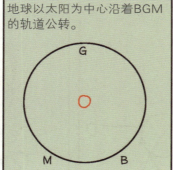

地球以太阳为中心沿着BGM的轨道公转。

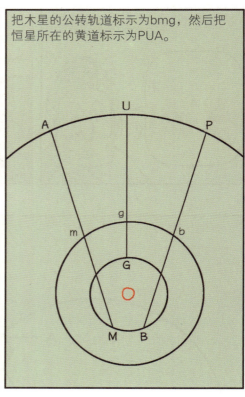

把木星的公转轨道标示为bmg，然后把恒星所在的黄道标示为PUA。

地球及木星按逆时针方向公转。

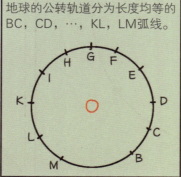

地球的公转轨道分为长度均等的BC，CD，…，KL，LM弧线。

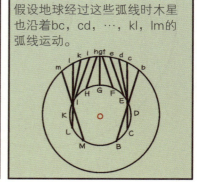

假设地球经过这些弧线时木星也沿着bc，cd，…，kl，lm的弧线运动。

伽利略的对话

在地球上观测木星时，是用远方的星星作为背景来定位其运动的。

这样的话，木星在太空中的位置可以用黄道为背景。

现在地球移动到木星和太阳之间，比如说从E移动到F时，

木星从e移动到f，在地球上观测时显得木星是从黄道上的S移动到T。

这样在我们看来木星比以前移动的速度慢了。然后地球和木星各自移动到G和g点时，在地球上的观测者看来，木星显得正在向黄道的U点移动。

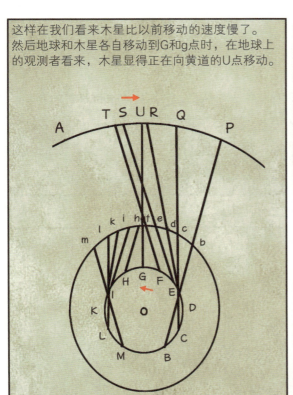

这样木星就好像在朝反方向移动！当然木星并不是往反方向移动的。

啊，现在就明白为什么会逆行了！

没错。

木星是正常移动的，只不过看起来给人造成了错觉。地球从G移动到H时，木星也移到h，但看起来显得从黄道的U移动X。

这时木星又好像往反方向移动似的。

在这之后，木星表面上看起来移动逐渐缓慢，最终停止。

地球向I移动时，木星也向i移动，地球上的观测者觉得木星往黄道的Y点移动。

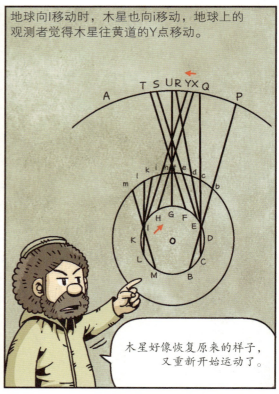

木星好像恢复原来的样子，又重新开始运动了。

其后木星继续顺行。这种现象在每次地球追上木星的时候就会出现。

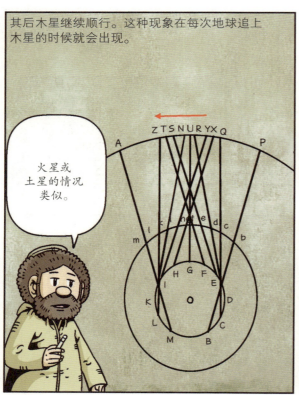

火星或土星的情况类似。

怎么样？是不是觉得行星顺行和逆行的说明，在哥白尼的宇宙体系里还真是挺复杂的。

但是！

……

不需要使用托勒密宇宙体系上不可缺少的周转圆概念，也可以清清楚楚地说明这些现象！

在哥白尼的宇宙体系基础上，已经解释了多个行星出现的现象。

这段时间学到了好多的知识。

种种现象都支持太阳是宇宙的中心。

是行星的周年运动和行星的逆行吧。

还有，您支持哥白尼的宇宙体系，"太阳"在其中也发挥了作用吧?

对呀。现在就谈谈那件事吧!

哦

那个就是太阳的黑子!

我要做一个说明，这是猞猁学院会员、我的一位同事的研究结果。

嘤

没有出现名字的那个人就是我伽利略。

我在书中借主人公即我的分身萨尔维阿蒂的嘴介绍了我的研究。

咯噔

嘀嘀嘀嘀

是我的代理人。

请继续听一下萨尔维阿蒂的说明吧。

我的一个同事于1610年观察发现，在太阳表面有黑点。

一年后他在关于太阳黑子的书信提到了这个发现。

啊！怎么可能？！   哦哦

相信亚里士多德"天体永远不变"主张的人都被这个现象吓了一跳。

哆哆嗦嗦

那个黑点一定是假的，大家都选择不去理会它。

这说法是不对的！

啪

我的那位同事还说过，那些黑点是生成在太阳表面的。

并且还随着太阳一起自转。

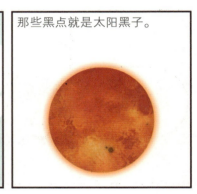

那些黑点就是太阳黑子。

刚开始他认为太阳的自转轴是跟黄道面垂直的。

因为黑子显得跟黄道面并排移动。

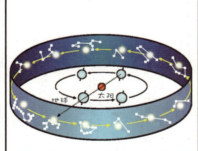

黄道面就是地球公转的轨道面。

地球   太阳

但是通过长时间观测，他发现黑子的移动路径是稍微弯曲的。

哇哦！

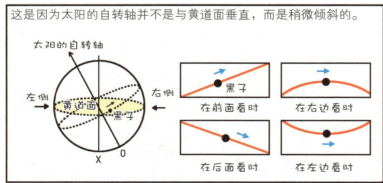

这是因为太阳的自转轴并不是与黄道面垂直，而是稍微倾斜的。

太阳的自转轴

左侧   黄道面   右侧

黑子

X   0

黑子

在前面看时   在右边看时

在后面看时   在左边看时

科学家们观测到特殊现象时，都会很兴奋。

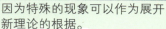
因为特殊的现象可以作为展开新理论的根据。

他在给我写的信里这样说道：

如果太阳的自转轴与黄道面不是垂直而是有一定角度的话，可以做出比目前出现的任何理论更肯定的，关于太阳和地球关系的重大理论……

重大理论？请再仔细说明一下！

好，那么给大家说明一下他发现的是什么，有什么意义。

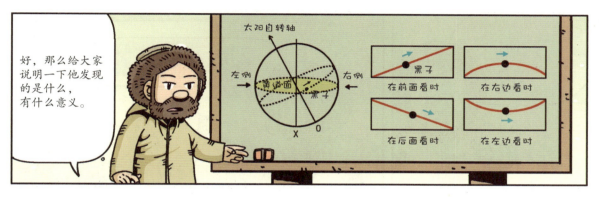

？

？

哈哈，没必要想得那么复杂。

这个圆圈代表太阳。

设想一下，太阳的自转轴与黄道面有一定角度。

太阳黑子以太阳自转轴为中心跟着太阳转。

但是从地球上看，这黑子应该怎样移动呢？

从前面看的时候，黑子显得从左下方向右上方、沿着斜面向高处移动。

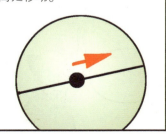

从右侧看的时候，黑子显得沿着向上弯曲的曲线移动。

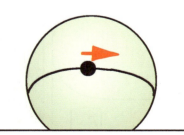

在后面看的时候，黑子显得从左上方向右下方、沿着斜面往下移动。

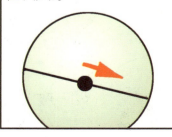

最后从左侧看时，黑子显得沿着向下弯曲的曲线移动。

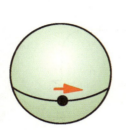

这些内容就是我的同事科学家告诉我的。

但是出现这种变化可以做出好多假设呀？

当太阳处于在黄道面的中心，地球绕着太阳公转，

太阳以与黄道面稍倾斜的轴自转时，太阳黑子的变化情况恰好是这样。

反过来说，如果能实际观测到太阳黑子的变化，就可以推测出太阳的运动。

就是说，可以证明太阳是在所有行星的中心，以稍倾斜的状态自转的呀！

哇

真是逸趣横生！那么实际观测结果怎么样啊？

我和那个朋友一起观测太阳黑子好几个月，其结果是：

眼睛都坏了。

呼呼

是啊，直接看太阳确实很辛苦呀。

观测结果跟我们预想的完全一致！

耶！又多了一个强力支持哥白尼宇宙体系的证据。

呵呵

追随托勒密和亚里士多德的人，在这个重大发现面前肯定会成为失败者喽！

但是！

还有什么话说吗？

刷

出现这种现象也不一定就能证明地球不是中心啊！

会不会有假如地球在中心就不能出现那种现象的证明？

当然会有的。但是请好好想一下。

如果地球处在中心，太阳围绕地球旋转的话，会怎么样啊？

太阳是按大约一个月的周期自转的。

黑子也跟着它自转，

而且，黑子完成前述变化的周期是一年。

太阳往上移动时，黑子就得沿着向上弯曲的路线移动，

太阳往下移动，也得沿着向下弯曲的路线移动。

太阳还得沿着黄道一天转一次。

呼呼

嗒嗒嗒

太阳早出晚落，第二天得再升起来。

我只有一个身体怎么能同时做那么多复杂的运动呀？

扑通

但是如果太阳在宇宙中心，以对黄道面倾斜的自转轴旋转的话，

那么复杂的运动问题一瞬间就解决了！

所以说，不能拒绝哥白尼的宇宙体系啊！

暂停一下，我们来看一下萨尔维阿蒂对自然科学的态度。

因为在这本书里，要学的不只是单纯的科学事实或现象。

那么还有什么呀？

萨尔维阿蒂是这样转达我的立场的。

好好听着！

我不是要做出结论来确认地心说和日心说哪个是对的，哪个是错的。

再次表明我的立场：我是要排列出支持这两个理论的物理学及天文学的证据，

然后客观地提出一个观点。

剩下的结论留给大家自己来决定。

现在只是我自己这样主张，但是

总有一天会确认哪个理论是真理，是吧？

是的。真理不是从压制或偏见中诞生的。

真理就是真理。

嗯，绝对不变的是真理。

谁都不知道我们人类可不可以明确地认识真理，

但是我觉得，追求真理的态度不应该有任何外来的强制力参与其中。

这就是自然科学的基础呀！

我生活的时代禁止地心说以外的任何其他理论。

那些无论日心说再怎么正确也坚决持否定态度的人，

不仅阻碍了自然科学发展的步伐，而且压抑了人类的精神自由。

哥白尼和我就只有继续忍耐，不断追求真理。

如果想要那样做的话，需要具备一些条件。

即必须充分了解自己所反对的理论。好，现在第三天的谈话也快结束了。

到现在，我们听了萨尔维阿蒂提出的哥白尼的宇宙体系。

哥白尼宇宙体系确实比托勒密宇宙体系简单多了，而且把好多复杂的天文现象解释得一清二楚。

对这一点辛普里邱也无法否定。

……

对于又明智又善于客观思考的我来说，则是非常新鲜的冲击。

……

这个理论如果正确的话，不是可以解释地球上的好多现象吗？

带给我们最直接影响的现象，也可以解释清楚吗？

哪些……具体现象？

啊，是有那样的呀！

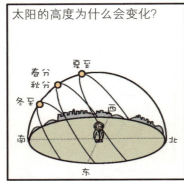

太阳的高度为什么会变化？

季节是如何更替的？

白天和夜晚的长短为什么会变化？

用托勒密宇宙体系也可以说明这些现象，但是……

当然，当然！

但是用哥白尼宇宙体系应该可以更清楚地说明吧？

这……真是没礼貌啊！

哈哈，就是呀。

让我来回答这个问题吧。

哼！

为了解答沙格列陀的提问，先做几个假设。

萨尔维阿蒂小心翼翼地说。

这些假设当然是可以认可的事实，但是之所以称为假设，

是因为还没确定哥白尼理论是否正确，所以暂叫假设吧。

先听一下萨尔维阿蒂的第一个假设。

地球是球形的，而且以自转轴为中心旋转。

伽利略的对话

那么，地表的所有点都以自转轴为中心画圆（做圆周运动），如果该点接近极点则画小圆，离极点远的话则画大圆。

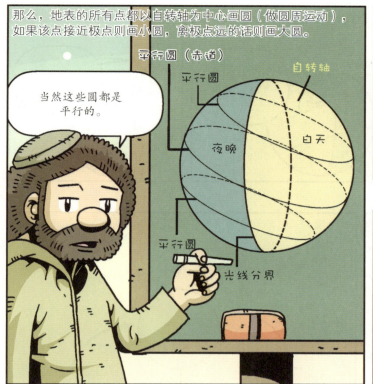

当然这些圆都是平行的。

平行圆（赤道）

平行圆

自转轴

夜晚

白天

平行圆

光线分界

地表各点所画的这些圆叫平行圆。

平行圆指的就是我们现在所说的纬度。

其实萨尔维阿蒂遗漏了一点，那就是自转轴与黄道面是有一定角度的。

第二，构成地球的物质是不透明的，所以不会有阳光透过去。

嗒

所以受阳光照射的半球是亮的，其背面是暗的。

亮和暗的界限是一个大圆，这个大圆叫作光线分界。

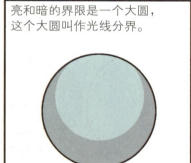

第三，光线分界经过地球两极时，它将把所有平行圆切开。

这分界限会把所有的平行圆切成两个相等的部分。再看一下上面的图。

如果光线分界不经过两极，

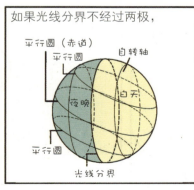

平行圆（赤道）

平行圆

自转轴

夜晚

白天

平行圆

光线分界

除了赤道的圆以外，所有的平行圆被切成长度不一样的部分。

第四，由于地球是自转的，所以白天和夜晚的时间是随着光线分界在平行圆上所切出的弧的长度而变化。

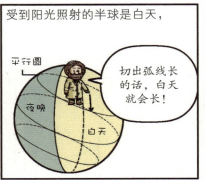

受到阳光照射的半球是白天，

平行圆

切出弧线长的话，白天就会长！

夜晚

白天

其对侧就是夜晚。

对侧弧线短，夜晚就会短！

夜晚

白天

好，那么现在开始说明吧。

真的很期待呀。

说来听听吧！

地球以太阳为中心沿着黄道旋转。

看着下面的图好好听我说。

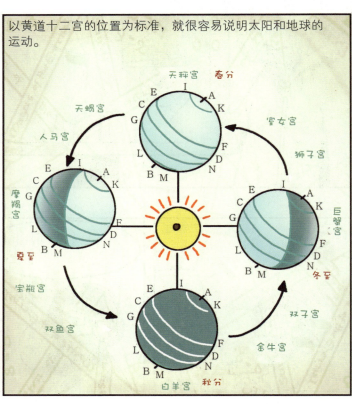

以黄道十二宫的位置为标准，就很容易说明太阳和地球的运动。

天秤宫　春分

天蝎宫

人马宫

摩羯宫

夏至

宝瓶宫

双鱼宫

室女宫

狮子宫

巨蟹宫

冬至

双子宫

金牛宫

白羊宫　秋分

地球在天秤宫和白羊宫、摩羯宫和巨蟹宫的位置时，

分别对应春分与秋分、夏至与冬至。

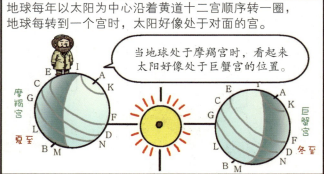

地球每年以太阳为中心沿着黄道十二宫顺序转一圈，地球每转到一个宫时，太阳好像处于对面的宫。

当地球处于摩羯宫时，看起来太阳好像处于巨蟹宫的位置。

摩羯宫

夏至

巨蟹宫

冬至

所以从地球上看起来好像是：太阳沿着黄道十二宫转圈。

黄道是太阳经过的路。

从这张图可以看出，太阳看起来是一年沿着黄道十二宫转一圈。

嗯！

凭借哥白尼的宇宙体系，

解释太阳的"视周年运动"是特别简单的！

现在来说明太阳的高度变化和季节变化的关系。

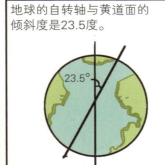

地球的自转轴与黄道面的倾斜度是23.5度。

23.5°

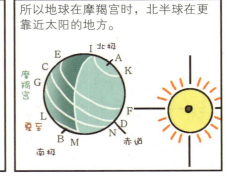

所以地球在摩羯宫时，北半球在更靠近太阳的地方。

北极
E I A K
G 摩羯宫 夏至
L F
B D N
M 南极 赤道

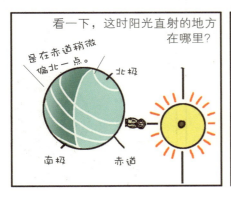

看一下，这时阳光直射的地方在哪里？

是在赤道稍微偏北一点。

北极
南极 赤道

这时北半球看起来太阳的高度变高。

太阳的高度变高，阳光更接近于直射，地表受阳光照射多，就会暖和了。

这样就变成温度高的夏天了。

日历

在北半球看起来太阳高度最高，太阳直射地面的位置达到最北端时叫夏至。

时间大约在6月21日。

刺啦

6月 21

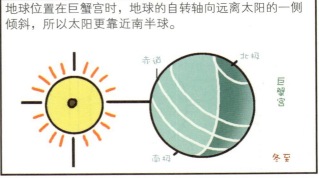

地球位置在巨蟹宫时，地球的自转轴向远离太阳的一侧倾斜，所以太阳更靠近南半球。

赤道 北极
巨蟹宫
南极 冬至

这时看看地球上哪个地方阳光是垂直照射的。

赤道稍微偏南些。

这时在南半球太阳高度变高，南半球为夏天。与此同时，北半球太阳看起来变低，

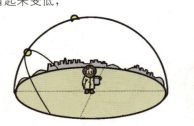

北半球地表受的阳光照射少，天气变凉。

就变成气温低的冬天了。

在北半球，太阳高度最低时叫冬至。

大约在12月22日。

刺啦

太阳对着地球赤道附近时是春天和秋天。

春分和秋分时阳光垂直地射向地球的赤道。

天秤宫　春分
北极
南极　赤道

北极
赤道
南极　白羊宫　秋分

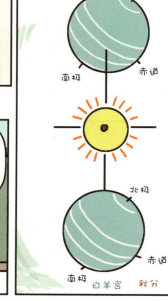

所以两半球的人看来，太阳的高度不变高也不变低。

这时天气不冷也不热。

春分大约是3月21日，秋分大约是9月23日。

好，现在知道太阳高度和季节变化的关系了吧。

最后说一下，白天和夜晚时间长短会发生变化的原因。

先看一下夏天的昼夜长度。

阳光不管什么时候都只能照射地球的一半。由于地球是稍微斜着自转，结果就是随着纬度变化昼夜长短会发生变化。

在这个纬度夜晚短，

白天长，白天和夜晚的时间长度不一样！

夜晚
白天

从下图中观察夏至时阳光照射的地方，

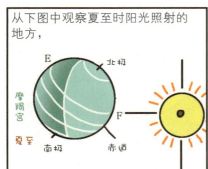

白天用浅色标识，暗的地方就是夜晚了。

平行圆被划分昼夜的光线分界分成两部分。

在北半球平行圆EF上，比较一下白天部分和夜晚部分的长度。

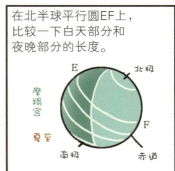

这时白天的部分比较长。因此，夏天北半球昼长夜短。

这说明夏至时在北半球白天比夜晚长。

再来观察一下冬至的情况。

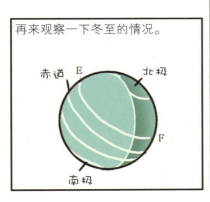

这时在北半球平行圆EF上，夜晚部分长度比白天部分长度要长。

因此冬天时在北半球昼短夜长，冬至时白天最短。

南半球的情况当然是相反的。

哥白尼的宇宙体系理解起来很容易，

只要记住地球斜着围绕太阳旋转就可以了。

可以很简单地解释季节更替和昼夜长度的变化。

解释太阳的视周年运动也是一样。

我被萨尔维阿蒂的说明深深地感动啦！想起了自古流传下来的哲学家的格言：

自然界会用最容易、最简单的方法来表示所有的现象。自然界不会做多余的事。

哦！ 哦！ 哦！

第四天的谈话

这是最后一天的谈话喽。

沙格列陀着急地等着萨尔维阿蒂和辛普里邱。

怎么还不来啊？啊……还没到时间呢？

欢迎光临，请进！

那么……开始第四天的谈话吧。

今天的主题是关于潮涨潮落！

对这个论题双方都有很多话想说。

沙格列陀选择这个论题，肯定认为它跟地球运动有关系。

这现象跟地球运动肯定有密切的关系。

先得简单地了解关于涨潮落潮的背景知识。

海水一天涨落两次。

海水往海岸方向过来，水位升高叫涨潮。

哗哗哗

海水向后退去，水位降低叫落潮。

哗哗哗

涨潮和落潮现象就叫作潮汐。

但是这个现象跟地球运动有什么关系呢？

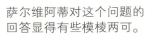
萨尔维阿蒂对这个问题的回答显得有些模棱两可。

潮汐与地球运动是否有关联，可以说有，也可以说没有。

嗯，看来第四天的论题有很大的疑点呀。

嗯

萨尔维阿蒂在第一天到第三天中对于日心说的解释都特别详细。

引发潮汐现象*的基本原因是月球、太阳和地球之间的引力作用。

但是萨尔维阿蒂（其实就是我伽利略）把潮汐现象误解了。

这样突然搬动水盆时！！

他认为潮汐是由于水集中向一个方向运动造成的，

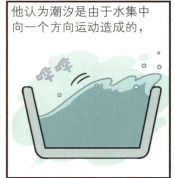

*潮汐现象：由于月球、太阳的引力使海水出现周期性运动变化的现象。

可以说是这种解释错了。

如果地球不动的话，不可能出现潮汐现象，包括波浪在内什么也不会有。

那潮汐现象是什么原因造成的？以后再说明吧。

反正想在地球自身找到潮汐现象的原因，想法是很好，但……呵呵！

但是实际展开的理论推理过程是失败的。

对我失望了？

看来，科学家也不可能总是正确的。

科学就是不断追求真理的过程。

科学家为了说明一些现象，先做出假设然后再逐步加以证明。

$x + y = 2Re\ t$
$1 + 2 = 3\ m^2$

如果证明其假设与事实相符，那么就能建立一个新的理论，

那个很好！

发展到建立理论的阶段了！

否则再做新的假设重新证明。科学就是在这个过程中逐渐发展起来的。

这个找不到正确的结论啊……

那么重新开始吧！

所以就算是错误的假设，也会给科学的发展做出一定贡献。

由于发现你做的假设错了，我才会建立新的假设！

真的？

怎么样？现在明白了我为什么把潮汐现象跟地球的运动联系到一起了吧。

还是让我们听听萨尔维阿蒂是怎么说明的吧？

对待科学问题，首先得明白其表现，然后才能阐明其原因。

那么得先观察一下潮汐现象啦！

是的，潮汐现象有三个周期。

第一个周期是每天出现的潮汐现象，即日潮。

大部分海水以6个小时为一周期涨潮和落潮。

哗哗

一天是24小时，那么涨潮和落潮各有两次了。

对呀。

哗

第二个周期是月潮。

只是涨潮和落潮的程度变化。

农历初一（新月）和十五（满月）时涨潮和落潮的幅度最大。

新月　满月

这时叫大潮。

在上弦月和下弦月时，潮差最小。

下弦　上弦

这时叫小潮。

第三个周期是年潮。

这个现象好像是太阳造成的。

所有这些现象都是由于地球运动而发生的……

这些现象从很久以前就开始有了，

而且逍遥学派已经说明了这些现象的成因。

能不能听一听您的说明呢？

当然可以喽！

那么咱们听听亚里士多德的追随者们对涨潮和落潮的原因是怎么解释的。

最近，逍遥学派的一位神职人员出版了一本小册子。他认为，

月球在天空中牵引着海水！

所以正对着月球的海水会涨潮。

哗哗哗

但是，月球转到地平线下以后还是会涨潮，这是什么原因呀？

还有些人说明了……

月球把海水加热了，所以出现涨潮和落潮。

海水的温度变高了，会使其变得稀薄而形成涨潮。

逍遥学派的说法太不像话了。

不像话！

但是，好好想一下。

月球引发潮汐现象的看法，跟现代天文学的潮汐理论是一致的。

这样看来逍遥学派的看法是正确的。

只不过没能说清楚具体的原理罢了。

等等，有一点要提一下。

逍遥学派的神职人员说月球牵引海水，

这个是对的。

那么为什么海水在地球面向月球的方向涨潮，而月球对侧的海水同样也会涨潮呢？

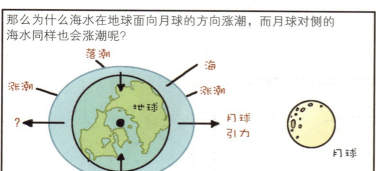

那位神职人员也不能解释这个现象。

我的能力实在是有限啊！

扑通

其原因是因为月球和地球是一起绕着太阳旋转的。

因此从另一个角度来看，也可以说是由于地球的运动导致了这种现象。

前面说过我的理论也是正确的，就是因为这个部分是合理的。

对这个问题以后再具体说明吧。

先记住。

现在来听听我萨尔维阿蒂的观点吧。我的解释很简单。就像移动水盆，水就集中流向对侧一样。

呼呼

因为地球在运动，所以海水也向一个方向集中，因此出现潮汐现象。

哗哗哗

当然如果地球匀速运动的话，就不会出现那种现象。

就跟水盆匀速运动时水面维持不动的道理一样。

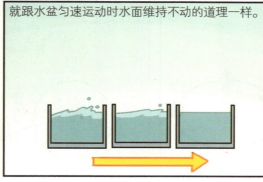

挺难的吧？下面用图来解释一下吧。

地球是以A为中心沿BC轨道公转。

以B为中心的小圆DEFG代表地球。

同时，地球以B为中心、从D向E方向自转。

从图中可看出，公转和自转都是逆时针方向。

注意看图，地球自转时地球表面的各个点，

在不同时间必然做相反方向运动。

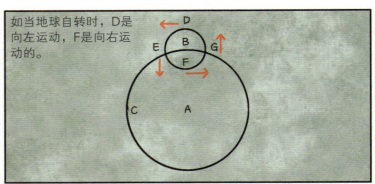

如当地球自转时，D是向左运动，F是向右运动的。

E是往下、G是往上运动的。地球自转运动加上公转运动的话，地球表面各点的运动会更复杂的。

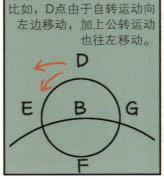

比如，D点由于自转运动向左边移动，加上公转运动也往左移动。

这两个运动叠加在一起，其运动速度就加快了。

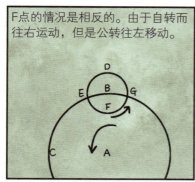

F点的情况是相反的。由于自转而往右运动，但是公转往左移动。

这两个运动合在一起，F点的运动速度就会变慢啊！

E和G的实际运动是跟自转运动一样。

因为公转运动在这两点基本上不起太大作用。

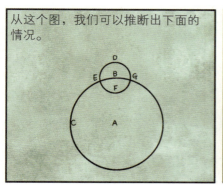

从这个图，我们可以推断出下面的情况。

如果地球在公转或自转中只有一种运动，地球表面的各点都会以同样速度均匀地移动。

但是如果这两种运动合起来的话，地球表面的各点移动速度会不均匀。

啊！

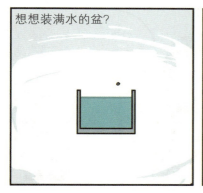

想想装满水的盆？

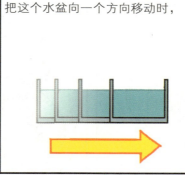

把这个水盆向一个方向移动时，

刚开始水会往水盆运动的反方向集中，

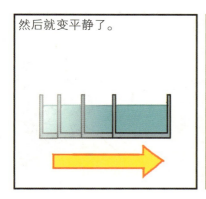

然后就变平静了。

还有，当把这个水盆匀速旋转时，

水会往远离中心的方向移动。

但是当把这两个运动一起进行时，

这样！

水会晃来晃去地移动。

哎呀！

水盆里的水来回摆动的周期是随着盆的大小或水的深度而变化的。

把这个水盆换成地球来看看吧。

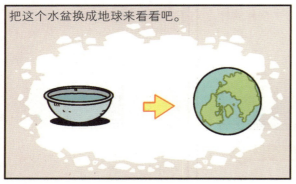

那么地球的海水也会跟水盆里的水一样，以均匀的周期来回摆动。

而且海底不像水盆底部那样平坦，而是凹凸不平的。

还有因为岛屿和海峡的缘故，风浪时快时慢。

加上这多种地理特征，会出现更复杂的潮汐现象。

除了这些以外，萨尔维阿蒂还说明了好多问题。这里就说这些吧。

反正是个假设，又不是正确的理论。

喊！

那么让我们用现代天文学理论来解释一下潮汐现象吧。

听听这个解释过程，可以知道潮汐现象是怎么导致的，

而且也可以了解到，有跟我主张一样的内容，就是地球运动为什么会跟潮汐现象有关。

哗哗

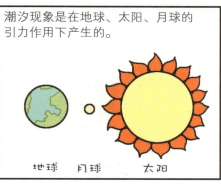
潮汐现象是在地球、太阳、月球的引力作用下产生的。

地球　月球　　太阳

跟我想的一样，地球运动是潮汐现象的始作俑者。

先说明一下，由于地球和月球共同影响才出现潮汐现象。

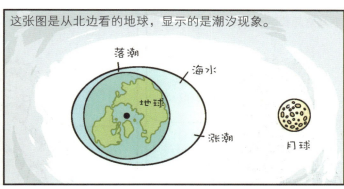
这张图是从北边看的地球，显示的是潮汐现象。

落潮
海水
地球
涨潮
月球

因为月球的引力牵引海水，海水向月球方向上涨。

刺刺

哎呀

而且由于地球自转，地表各部分海水会经过高低不平的海底。

不是海水的移动，而是地表的运动！

这样就反复出现涨潮和落潮的现象。

哗哗哗

第6章　第四天的谈话　177

但是这张图中有错的地方。

知道在哪里吗？

想一想前面说过的逍遥学派那位神职人员的话吧。

就是我，想不起来吗？

由于月球牵引海水导致涨潮，但是没说其对侧的涨潮啊。

已经说了，在月球对侧出现涨潮的原因，我搞不清楚。

实际上，对侧的海水也上涨的。

就像右边的图一样。

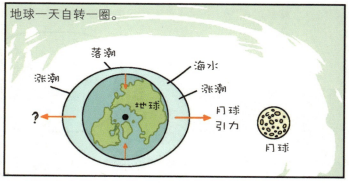

地球一天自转一圈。

落潮　海水　涨潮

涨潮

地球

？　月球引力　月球

期间涨潮和落潮都经历两次。

所以涨潮和落潮一天出现两次。

这下明白月球方向的海水是因为月球引力上涨的吧？

但对侧的海水为什么上涨呢？

呵呵，问得好！

别忘了，地球和月球是相对旋转的。

啦啦啦啦

因此也可以说是地球运动而导致的。

因为我？

还记得前面说过的、打算以后再告诉大家的内容吧？

是现在想告诉大家吗？　对！

虽然我的潮汐假设是错的，但是由于地球运动导致潮汐现象的出现这一点是正确的。

关于潮汐现象，我的观点有一定的正确性啊。

解释一下刚才提到的那个部分。

我们常常说月球围绕地球旋转。

确切的说法是，地球和月球绕着两者的质量中心旋转。

质量中心是指物质系统的质量集中于此的假想点。

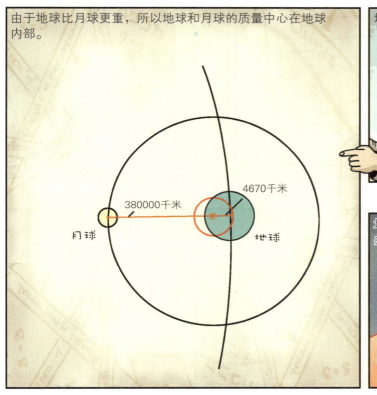

由于地球比月球更重，所以地球和月球的质量中心在地球内部。

380000千米

4670千米

月球

地球

地球也是围绕这个质量中心旋转的。

那个"×"标识就是地球和月球共同的质量中心！

地球边公转和自转，也围绕跟月球的共同质量中心旋转。

开始转啦！

嘻嘻嘻

我是以共同的质量中心为主围绕地球旋转呢。

哗啦啦

地球因为有和月球共同的质量中心，所以拥有更复杂的运动。

啊……我的旋转为什么那么复杂呢？

啪嗒

物体旋转会产生惯性离心力。

惯性离心力是使旋转的物体远离旋转中心的力。

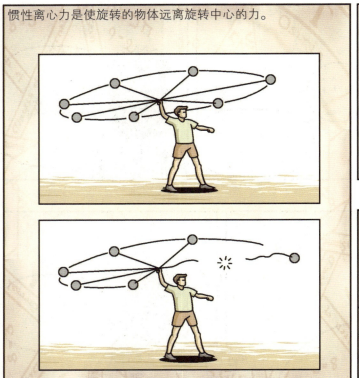

海水运动跟共同的质量中心反方向，因此月球对侧方向的海水也会上涨。

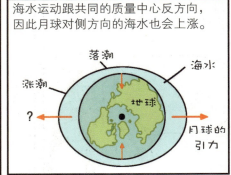

当然对侧也会受到月球的引力作用，

但是因为惯性离心力比月球的引力大，所以月球的对侧也会有涨潮。

再来整理一下。

面向月球方向和其对侧的海水都会受到月球的引力和惯性离心力的作用。

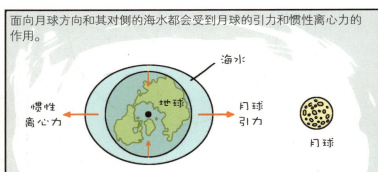

但是，圆周运动半径越大惯性离心力也越大，

而引力则是两者距离越近，引力越大。

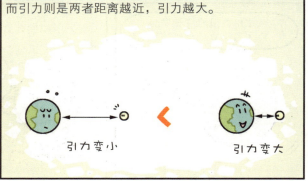

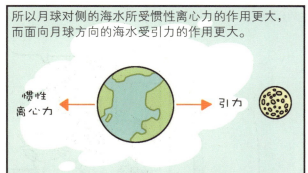

所以月球对侧的海水所受惯性离心力的作用更大，而面向月球方向的海水受引力的作用更大。

惯性离心力

引力

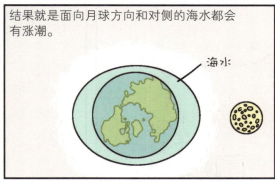

结果就是面向月球方向和对侧的海水都会有涨潮。

海水

现在基本上明白了吧？

要是我能把潮汐现象也像这样说清楚的话就好了……

一定要找理由的话，就是我所处时代的局限性吧。

反正和我主张的一样，地球运动对潮汐现象肯定是有一定影响的。

哗哗

虽然当时我没能明确地解释，

但也是很厉害的，对吧？哈哈！

好，现在差不多全部谈话都结束了吧。

虽然四天的时间很短暂，但我们谈到了很多内容。

是的，谢谢。

沙格列陀的客观评论也发挥了很大的作用啊。

哼，即便那样，亚里士多德的理论也不是错的！

哼

辛普里邱没能扔掉亚里士多德的理论。

不管萨尔维阿蒂的证明和沙格列陀的客观评论是多么的有力，

想摆脱过去的权威和偏见，不是那么容易的！

过去的权威和偏见

嗒　嗒　嗒

呼　呼　呼

但是我并不灰心。

萨尔维阿蒂的目的不是要说服辛普里邱一个人，而是要说服全世界。

我愿意告诉所有人正确的宇宙体系。

萨尔维阿蒂对亚里士多德理论死心塌地的追随者辛普里邱做出了自己的评价。

绝望了。

但对萨尔维阿蒂来说，更远大的目标在等着他。

……

那样我就满足了。

呵呵

要阐明自然的本质是很难的，

甚至说不定由这么渺小的人类来彻底弄清楚是不可能的。

虽然前面也介绍过，但最后还是想再强调一次。

听听在这本书最后一部分，萨尔维阿蒂的留言吧。

这也是我内心对无限而又神秘的宇宙的一种态度。

虽说上帝给予我们论证宇宙结构的自由（也许为了使人类理智的能力不致削弱或者变得懒惰），但又说我们并不能发现上帝手迹的奥秘。所以尽管我们多么地不配窥测上帝无穷智慧的奥义，但是为了认识上帝的伟大，并从而更加敬仰上帝的伟大，让我们仍旧进行这些为上帝容许并制定的活动吧。

伽利略的
四天对话后续

直线运动和圆周运动

科学革命的完成

1543年哥白尼（1473—1543）在自己的著作《天体运行论》中提出了日心说。伽利略为日心说提供了科学的证据。其后英国科学家牛顿（1643—1727）发现了维持自然界秩序的许多规律，从此一场科学革命拉开帷幕。

牛顿把时间和空间也列入物理学研究对象，进而阐明了空间内多种物体相互间有什么样的作用力。由此，天体之间的作用力和相互运动也都凭借具体的物理法则得以确立。伽利略在《关于两大世界体系的对话》中提出的大部分问题，都是用牛顿的"万有引力定律"和"运动定律"来说明的。

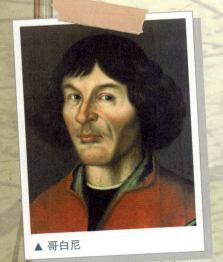

▲ 哥白尼

万有引力定律是说具备质量的物体之间相互作用的引力作用，其大小与两物体质量的乘积成正比，与两物体距离的平方成反比。伽利略时代还不清楚物体往下掉的原因。牛顿提出了引力的概念。这种力也叫作重力。

牛顿定律有三条。首先是"物体如果不受外力作用，会一直维持原来的状态"的惯性定律。也就是说，如果不施加外力，原来处于停止状态的物体会一直保持停止状态，运动状态的物体会一直保持匀速直线运动状态。其次是"如果给物体施加外力，物体开始做加速运动"的加速运动定律。加速运动就是指速度发生变化的运动。进一步说明就是，给物体施加与其运动方向一致的力，其运动速度会逐渐变快；而向其运动反方向加力的话，它的速度会逐渐缓慢。第三定律是"所有的作用力都有大小相等且方向相反的反作用力"。球碰撞墙面时，球给墙施加了作用力。这时墙也用一样的力来推球，这个力就叫反作用力。

亚里士多德认为，运动的种类有直线运动和圆周运动，物体是由于其性质特点而产生运动的。重的物体会掉向地球，而轻的物体往天上飞。他认为，地球上的物体都有直线运动。而天上的物体是神圣且完美的，所以做圆周运动。亚里士多德之后的一千多年里，人们离不开这样的想法。在《关于两大世界体系的对话》中的登场人物也是在这样的思想观念下来解释自然现象的。

▲ 牛顿

直到出现了牛顿的万有引力定律和运动定律以后，才阐明了物体的运动不是由于物体本身的性质造成的，而是在外界作用下发生的。从此哥白尼的科学革命完成了，人类进入了新的近代科学时期。

天体永远不变吗

第谷和超新星

　　1572年11月，丹麦的天文学家第谷·布拉赫（1546—1601）发现在仙后座附近有颗独特的异常闪亮的星星。这颗星星逐渐变亮，直到跟木星相当的亮度后，就从天空中消失了。整个过程持续了16个月。这颗平时肉眼看不见、忽然变亮的星星被称为超新星。

　　历史上有记录的超新星分别在185年、393年、1006年、1054年、1181年、1572年、1604年出现，共7颗。伽利略在《关于两大世界体系的对话》中写到的超新星，是第谷于1572年发现的超新星和开普勒（1571—1630）于1604年发现的超新星。

　　1987年2月23日科学家们在大麦哲伦星系附近又发现了一颗超新星。这颗名叫"超新星1987A"的超新星3个月后达到3级亮度，之后就逐渐变暗了。

在第谷生活的年代，发现超新星是一件非常令人惊讶的事件。因为当时人们还都相信亚里士多德的理论是真理，认为天体是永远不变的。但是超新星的出现打破了亚里士多德的理论，这也成为天体可以发生变化的证据。所以当时大部分学者都认为超新星是在月球以内的地球大气层中出现的某种现象。

▲ 超新星1987A

第谷虽然是亚里士多德理论的追随者，但是他跟大多数逍遥学派的人不一样，第谷认为超新星是在遥远的宇宙中发生的现象。因为，用测视差的方法观测超新星的位置变化，发现超新星的位置几乎不变（观察很近的物体时，用左眼和右眼交替观察，观测到的物体位置会稍微变化，这个角度叫作视差。离观察的物体距离越远，视差就越小。所以通过测定物体的视差就可以推测出物体的距离）。

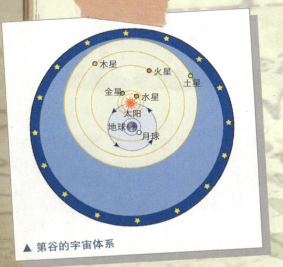

▲ 第谷的宇宙体系

图中标注：木星　火星　土星　金星　水星　太阳　地球　月球

第谷的研究助手开普勒是支持日心说的。开普勒试图说服支持地心说的第谷，但第谷对此无动于衷。对于已知证明了亚里士多德理论是错误的第谷而言，自己并不相信哥白尼的日心说。第谷的想法如下：

第一，如果行星围绕太阳旋转的话，就可以说明行星是运动的。

第二，即便如此，也不应该认为地球在运动。如果地球在运动，应该可以测定星星的视差，但是当时怎么也不能测定星星的视差。

于是在这种想法的基础上，第谷稍微改变了一下托勒密的地心说，构建了自己的宇宙体系，就是第谷宇宙体系。

第谷的宇宙体系支持地心说，只不过是认为只有月球和太阳围绕地球旋转，而别的行星则围绕太阳旋转。而且坚持认为宇宙是以地球为中心旋转的。作为历史上最突出的观测天文学家，第谷虽然发现了可以反驳亚里士多德理论的重要证据，却并没有摆脱亚里士多德理论的桎梏。由此可见亚里士多德的思想是多么根深蒂固。

191

月球表面是怎样的

地球和月球的表面

月球表面的最大特征是看起来有灰暗的纹理和为数众多的环形山。灰暗的纹理很久以前就已经观测到了，其纹理随着观测者的不同好像也会有所不同。在科学发展之前，基于月亮上的纹理产生了许多神话和传说。在东方传诵的关于玉兔的传说，就是因为月亮的纹理看上去像正在用白捣药的兔子。

继伽利略之后，许多天文学家对月亮表面进行了观测。波兰的天文学家约翰·赫维留（1611—1687）发表了月球表面地形图(1647)。伽利略首先把月球表面发暗的地方命名为"海"。"静海""雨海"

▲ 环形山

这样的名称都是伽利略起的。

环形山这个名称也是伽利略命名的。环形山的大小差异很大。大的其内径有数百千米。起初，科学家们认为环形山是火山爆发后形成的喷发口。但现在通常认为，大部分环形山是由于陨石的冲撞形成的。环形山分布在亮的地区比暗区多。也有可能是因为暗区的环形山被喷出的岩浆盖住了。

地球和月球是在差不多同一时期形成的。当时众多小天体在宇宙空间中飘浮着，环形山就是在跟这些天体冲撞后形成的。既然月亮表面有许多环形山，那么地球表面为什么没有呢？那是因为地球有大气层包裹着。

▲ 静海

比月球大的地球应该会有更多可能跟陨石冲撞，也应该形成很多环形山。宇宙空间的小天体逐渐消失后，地球和月球表面的剧烈活动也逐渐变得安静了。随后地球生成了大气层，后来刮大风时地球表面的环形山被逐渐侵蚀直到消失了。

月球跟地球比起来很小，所以其引力也小得多。月球不足以吸引住大气层，因此月球不会出现气象现象。结果月球表面的环形山过了数十亿年的岁月仍被保留了下来。

地球和宇宙，哪个在运动

恒星的周年视差

对研究宇宙体系的天文学家来说，最难的是测定天体的距离。《关于两大世界体系的对话》中，第三天谈话里萨尔维阿蒂提到，为了证明第谷发现的超新星的位置，举了13位天文学家观测视差的例子。这些观测资料缺乏可靠性，而且其数据也五花八门。这些结果都是由当时有一定名气的天文学家测定的，你们一定会好奇这些结果为什么会如此荒谬？

我们利用视差来感知物体的远近。而对于远处的物体我们几乎感觉不到其距离。这是因为视差是由两个眼睛之间的距离产生的，当物体的距离很远时，就超出我们视差可以感知的程度了。

利用视差可以判断远处物体的距离。由于月球、太阳和一些行星离地球相对较近，所以在地球的两个点上可以利用视差测定其距离。

▲ 贝塞尔

但是对大多数恒星来说，因为其距离太远，所以从地球上几乎无法用视差感觉到其变化。恒星的距离太远而且观测技术落后，所以古代天文学家在恒星视差测定方面往往感到很为难。

观测技术可以逐渐改善，但是视差基线的增大却是有限的。那么我们能得到的最大基线是什么呀？那就是地球的公转轨道。由于地球一年围绕太阳旋转一次。在地球运行到轨道两端时测定恒星的视差，就是我们能得到的基线最大值了。

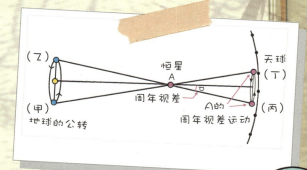

首先观测者在地球甲位置时测定到恒星A。这时A显得好像在远处天球上丁的位置。6个月后地球运行到在乙位置时，A显得在天球上丙的位置。丙和丁构成的角度的一半P叫"周年视差"，如果能够准确地测定这个周年视差的话，就可以知道恒星的确切距离。

伽利略逝世100多年后的1838年，天文学家贝塞尔（1784—1846）以地球的公转轨道为基线，准确地测定了天鹅座61号星的视差。

在夜空中闪耀着无数的星星，星星的位置都在不断地变化着，但是以前的人们无法准确地观测这个事实。所以才会那么长久地相信亚里士多德关于"天体永远不变"的理论。

下落物体的运动轨迹

自由落体和人造卫星

伽利略认为从高塔扔下物体，物体下落的轨迹是圆形，最后通过落地点指向地球中心。这个说法是不对的。实际上该物体运动轨迹是抛物线，其终点随着投掷的力量变化而变化。

那么物体下落时实际上做了什么运动呢？首先试试在高塔上不加力的情况下扔石头，这时石头只受一个力的作用，即重力，所以这石头垂直落到地上。如果给物体加力的话，物体做加速运动，因此石头的速度会随着时间的增加而逐渐变快，即一秒钟内石头落下的距离逐渐变长。

假定石头在刚开始的1秒期间落下4.9（$=4.9×1^2$）米，然后2秒时会落下19.6（$=4.9×2^2$）米，3秒时会落下44.1（$=4.9×3^2$）米。石头的落下距离是时间的平方乘4.9米。这里4.9是重力加速度的近似值。

亚里士多德认为重的物体会更快地落下来，但是伽利略认为物体不管轻重都按同样的速度落下来，而且推算出其运动距离跟时间的平方成比例。

这次试试从高塔上往旁边扔石头。这时石头会受两个力的作用，

196

一个是向下作用的重力，另一个是往旁边作用的力。往旁边作用的力是扔石头的人施加的。但是这个力只是在扔石头时起作用，此后就不起作用了。

要分析石头的运动，我们把速度分成水平方向和垂直方向。石头在水平方向的运动速度一直没变化，保持不变。因为使其产生水平方向运动的力不是持续作用的。但是垂直方向的速度因为有重力的持续作用，会随着时间的增加而增加。因此石头会沿着逐渐往下弯曲的抛物线落下来。

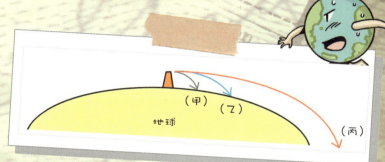

如果持续向水平方向施加一个力，那么石头会沿水平方向飞得越来越远。随着水平方向的速度增加，石头的轨道运行就会逐渐从甲到乙。如果把水平方向的速度变到足够大而像丙一样飞走的话，结果会怎么样？石头就不会掉到地上，而是会跟月球一样一直围绕地球转动。"卫星"就是像这样围绕地球一直转的物体。

如果把水平方向的速度再继续加大，石头的轨道就会远离地球。人造卫星、宇宙飞船就是用这种原理离开地球，去遥远的宇宙进行科学探查的。

飞行物体的运动状况

科里奥利力和傅科摆

在《关于两大世界体系的对话》中辛普里邱提出了，如果地球自转的话，向东和向西两个方向发射炮弹其飞行距离会不一样的问题。但是萨尔维阿蒂说明了即使地球自转，炮弹飞行的距离也是一样的。这时只看物体的运动状态是不能判断地球是否转动的。

如果地球一直做匀速直线运动，辛普里邱这句话是对的。但地球是在自转，随着与自转轴的距离不同，其惯性离心力是不一样的。因此，作用在地球表面的惯性离心力是随着纬度而发生变化的。

地球自转和不自转会导致不同的现象。为了让大家比较容易理解，想象一下地球按照右边的图旋转，这个图就好像是地球的平面切片。旋转的物体都受惯性离心力的作用。这时距离旋转轴越远，惯性离心力越大。因为圆盘的内侧和外侧的旋转周期一样，所以越往外旋转速度越快。

首先想象一下，如果这圆盘不旋转而是处于停止状态会怎样。在

▲ 科里奥利

地球表面上，从A向B发射炮弹时，炮弹会落到B。反过来从B发射炮弹时，也一样会掉到A。

这次想象一下圆盘旋转的状态。从A向B发射炮弹时炮弹受到惯性离心力A的作用。在B的位置上发射会受到惯性离心力B的作用。这时由于惯性离心力A比B大，所以炮弹会往偏右方向飞走。

反过来看，在B发射炮弹时会怎么样啊？从B出发的炮弹受到偏左方向的惯性离心力B的作用，由于A点受到的惯性离心力更大，所以炮弹离开B到达A时，其结果就是炮弹仍会往偏右方向飞走。

1835年法国的数学家科里奥利（1792—1843）把牛顿的运动方程应用到旋转坐标系上。阐明了坐标系向逆时针方向旋转时，存在着把物体的运动方向向右弯曲的作用力。这种力被命名为"科里奥利力"。坐标系向顺时针方向旋转时，科里奥利力往左作用。

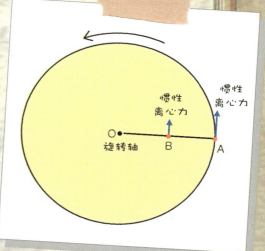

北半球台风往右弯曲，南半球台风往左弯曲，就是因为科里奥利力的作用。

1851年，法国物理学家傅科（1819—1868）用67米的绳子挂上28千克重的铁球，然后开始让其左右摆动。铁球左右振动时因为受到科里奥利力，其振动方向会一点点转动。这个被命名为"傅科摆"的实验就是最早证明地球自转的实验。

素描宇宙

黄道十二宫

在天文学发展之前，"太阳的运动"对人类来说是相当重要的。随着太阳位置的变化而出现季节更替，人们的生活状态也随之发生改变。季节更替与宇宙的中心是太阳还是地球关系都不大，重要的是与地球和太阳之间的相对位置有关。

地球一年围绕着太阳旋转一次。但是从地球的角度来看，显得好像是太阳一年围绕着地球旋转一次。古人把太阳一年中看起来经过的路径叫黄道。

太阳看起来沿黄道转一圈就过了一年。古人把黄道平均分成12个区，一个区就相当于一个月。不过问题是该怎么划分呢？天上能当作标准的就是星座。因为经历悠长的岁月，星座位置看上去几乎不发生明显改变。

古人沿着黄道命名了12个星

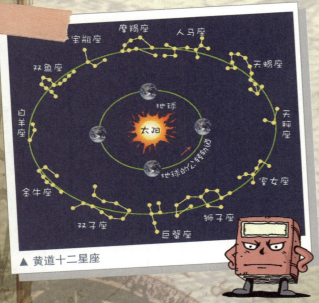

▲ 黄道十二星座

座，于是这个问题就解决了。用这12个星座分别命名了黄道的12区，总称为黄道十二宫。黄道十二宫在确定太阳位置方面直到现在也是非常有用的。由于地球的自转轴跟黄道面垂直线的夹角是23.5度，发生季节变化的原因是地球以自转轴为中心斜着转。

把地球赤道在天球上做一个投影，形成一个大的圆就叫天球赤道。因为地球自转轴与黄道面是倾斜的，所以天球赤道和黄道在两个地方交汇，这两个交点分别是春分点和秋分点。天球赤道与黄道最远的两点，分别为夏至点和冬至点。

3月21日左右太阳经过春分点，这时北半球的季节是春天。太阳于6月21日左右到最北端，即夏至点。在北半球夏至时，太阳的高度最高，这时就到了夏天。

过了夏至，太阳于9月23日左右移动到另一个交点即秋分点，这时北半球是秋天。过了秋分，太阳于12月22日左右到达最南端，即冬至点，这时北半球是冬天。这样就过了一年。

太阳升起后星星就看不见了。那么怎么知道太阳的位置呢？很简单，只需观测太阳对侧的星座就可以了。

倒着走的行星

内行星和外行星

行星按外观分成类地行星和类木行星。类地行星是指跟地球类似的行星，有坚硬的表面，如水星、金星、地球、火星。类木行星是跟木星一样由气体形成的行星，如木星、土星、天王星、海王星。

类木行星都在火星轨道之外，体积较大，还都具有大大小小的光环，都有较多的卫星。而类地行星都和地球类似，体积小，而且带的卫星也很少。水星和金星没有卫星，地球有一个卫星，火星有两个卫星。

直到不久前，在海王星之外的轨道上公转的冥王星还被认为是行星，但是因为冥王星比月球小、具有特殊的长形轨道等等不符合一般行星的特点，所以2006年科学家们剥夺了它的行星资格，将其降格为矮行星。

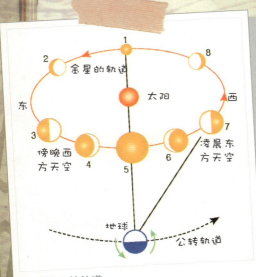

▲ 金星公转轨道

行星也可以分为内行星和外行星。内行星是指在地球轨道以内的水星和金星，外行星是指在地球轨道外面的五个行星。

由于地球不可能插到内行星和太阳之间，所以不管什么时间，内行星都只能在太阳周围看到。由于金星离太阳和地球较近，所以看上去显得闪闪发光。金星是除了太阳和月球之外，天空中显得最亮的天体。

▲ 金星

古人把在凌晨太阳升起之前东边天空中闪亮的金星叫作"启明星"。傍晚太阳落山以后在西边天空中可以看到的金星叫作"长庚星"，民间称为"给小狗喂饭的人"，意思是只有傍晚时给小狗喂饭的人才能看见。深夜时看不见金星，因为金星一直在太阳周围旋转，离太阳比地球近。

随着位置的变化，金星和月球一样有盈有缺。凌晨在东方天空上显得好像上弦月，傍晚在西方天空上显得好像下弦月。但是由于金星很亮，肉眼看上去金星总是显得圆圆的。

金星是最容易被肉眼发现的行星，而几乎没有人见过水星。这是因为水星观测起来不那么容易。水星比一般的一等星更亮，但是因为水星离太阳太近，被太阳的强烈光线淹没了，所以肉眼看不到水星。

有关太阳的天文现象

太阳黑子

按照现代天文学的说法，太阳就像一颗巨大的"氢气炸弹"。因为太阳是由氢气的核聚变反应形成的。太阳随时会爆发非常剧烈的日珥（太阳边缘的火焰状活动）和耀斑（色球爆发），太阳黑子也会随之反复地发生或消失。那么黑子为什么看起来是黑的呢？

太阳的表面温度在5000℃以上。但是黑子比它低大约2000℃，所以显得比较暗。也有研究认为太阳黑子跟磁场有很大的关系。

在太阳表面发生的多种天文现象中，黑子是比较早被观测到的。因为在阴天或日出日落等阳光较弱的时候，黑子比较容易观测到。也有用紫水晶那样的工具滤过太阳光进行观测的。最早观测太阳黑子的记录要追溯到中国古代。中国至少在两千年以前就观测

▲ 太阳黑子

到了太阳黑子。

韩国观测太阳黑子的历史是从公元4世纪开始的。
正式有记载的观测则是在高丽时代，查看当时的资料
可以发现黑子的数量有11年短周期和100年长周期的
记录。对黑子的观测可以和古代关于太阳的神话联系起来。

在中国和韩国的神话中，都有关于太阳上住着三足乌的传说。
有些学者认为，古人把太阳和乌鸦联系起来的原因之一就是跟太阳黑子
有关。

而欧洲观测太阳黑子的历史则很短。1610年天文学家法布里修斯
首次观测到黑子后发表论文，后来伽利略才开始用望远镜观测黑子。
当时欧洲人还坚信太阳以及其他天体是完美的，所以不会发生变化。
因为古希腊亚里士多德的理论在那个时期依然统治着欧洲人的思想。
伽利略发现了黑子的大小和数量，并把它作为能证明亚里士多德理论
是错误的重要证据之一。

天体的潮汐力

潮汐现象

所有有质量的物体都会受到万有引力的作用。但是引力的大小在物体的各个部分是不一样的。因为引力是随着距离的变化而变化的。

如下图所示，想象一下天体A的引力影响天体B。从天体A的中心到天体B的甲、乙、丙各点的距离是不一样的，因此天体A的引力对甲的作用最小，给丙的作用最大。天体B各部分受到的引力即潮汐力。

当天体B为特别坚硬的固体时，可以承受这种力。但是当这种力特别大或天体本身结构较脆弱时，天体B就很难维持自己的形态了。

有科学家认为，土星环原本是一个卫星，后来由于卫星不能耐受土星强烈的潮汐力，结构被打碎，形成了现在的土星环。

地球也受到天体潮汐力的影响。其中受月球潮汐力影响最大。那么太阳的潮汐力会比月球的潮汐力还小吗？潮汐力的大小跟天体的质量成正比，跟距离的平方成反比。天体间距离对潮汐力的影响比质量的影响更大。所以地球所

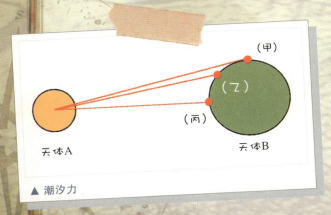

▲ 潮汐力

受的潮汐力大部分来源于月球，其次才是太阳，行星对地球的潮汐力就可以忽略不计了。

地球的表面是由固态的陆地和液态的海水组成的。陆地可以耐受月球的潮汐力，但是海水做不到。海水因为潮汐力的影响周期性地运动，因此就出现了涨潮和落潮。

海水的涨落除了受月球和太阳的潮汐力作用以外，也受海洋地理特点的影响。是否存在岛或海峡、有没有宽阔的海域等等，决定了潮汐涨落的差值。月球的潮汐力也可以影响大气，但是因为大气比海水密度低得多，因此所受到的影响很小。

潮汐力所导致的现象在地球以外的天体上也可以观测到。前面已经提到，围绕木星或土星等巨大行星的环可以认为是被潮汐力破坏的卫星形成的。潮汐力确实给天体内部结构及其活动造成了影响，例如在木星的卫星木卫三上可以观测到火山活动。造成木卫三火山活动的最大原因可能就是木星的潮汐力影响。木星的潮汐力影响到木卫三的内部结构，使其运动产生摩擦热。潮汐热把木卫三的内部变成了液体，这样就导致了火山喷发。